세상
물정의
물리학

세상물정의 물리학

초판 1쇄 펴낸날 2015년 9월 16일 | **초판 21쇄 펴낸날** 2024년 5월 24일

지은이 김범준 | **펴낸이** 한성봉
편집 강태영·안상준·박소현 | **디자인** 유지연 | **마케팅** 박신용 | **경영지원** 국지연
펴낸곳 도서출판 동아시아 | **등록** 1998년 3월 5일 제1998-000243호
주소 서울시 중구 필동로8길 73 [예장동 1-42] 동아시아빌딩
페이스북 www.facebook.com/dongasiabooks | **전자우편** dongasiabook@naver.com
블로그 blog.naver.com/dongasiabook | **인스타그램** www.instagram.com/dongasiabook
전화 02) 757-9724, 5 | **팩스** 02) 757-9726

ISBN 978-89-6262-115-0   03400

잘못된 책은 구입하신 서점에서 바꿔드립니다.

이 도서의 국립중앙도서관 출판예정도서목록(CIP)은 서지정보유통지원시스템 홈페이지(http://seoji.nl.go.kr)와
국가자료공동목록시스템(http://www.nl.go.kr/kolisnet)에서 이용하실 수 있습니다.(CIP제어번호: CIP2015024358)

세상
물정의
물리학

복잡한 세상을 꿰뚫어 보는 통계물리학의 아름다움

김범준 지음

동아시아

물리학자와 사회학자
'세상물정'이라는
융합의 테이블에서 만나다

사회학적 질문의 대상이 되는 인간과 물리학의 질문의 대상이 되는 인간은 서로 다르지 않다. 인간은 동일하다. 단지 각 분과학문이 동일한 대상에 대해 질문을 던지는 방법과 그 질문을 풀어가는 과정만이 서로 다를 뿐이다.

질문을 던지는 각 학문의 방법과 질문을 풀어가는 과정의 고유성에 집착하게 되면 어떤 일이 벌어질까? 고유한 방법을 학문 전통이라 포장하고, 질문을 풀어가는 과정을 방법론이라는 무시무시한 단어로 표현하는 순간 마법이 일어난다. 이때 분과학문은 창조적인 사람조차도 표준적인 전문가로 전락시키는 제도적 장치가 된다. 그리하여 그 악명 높은 '전문가 바보'가 태어난다.

'전문가 바보'는 외견상 '바보'처럼 보이지 않는다. 사실상 바보에 가까운 그 사람은 어디로 보나 빈틈없는 '전문가'처럼 보인다. 분과학문의 낙제생은 '전문가 바보'로 변신하지 않는다. 오히려 각 분과학문이 쉴 새 없이 만들어내는 전문가 바보는 대부분 그 분과학문의 모범생 출신이다.

'융합'은 바로 이 '전문가 바보'들을 구원하기 위한 긴급처방이다. 융합은 분과학문을 단순히 병렬한다고 이뤄지지 않는다. 물리학 전공인 학생에게 사회학을 필수과목으로 억지로 배우게 한다고 융합적 인재가 만들어지는 것도 아니다. 융합이란 물리학도 알고 사회학도 알고 심지어 철학과 문학까지 한 인물이 다 알아야 함을 의미하지 않는다. 그런 통합이 가능했던 시대는 이미 지나갔다.

융합은 방법론의 나열이 아니라, 해결해야 하는 문제가 놓인 테이블 주변에 전문가들이 모인 형상에 가깝다. '세상물정'이 어찌 사회학자만의 관심 분야이겠는가. '세상물정'이라는 질문이 놓여 있는 테이블엔 물리학자도 앉을 수 있다. '세상물정'에 대해 공통적으로 던지는 질문의 귀중함에 주목한다면, 분과학문 사이의 경계를 따져 묻는 일은 부질없다.

'세상물정'이라는 공통의 질문이 놓여 있는 테이블에 사회학자의 자격으로 초대받았다. 그리고 경청했다. '세상물정'에 대한 질문의 공통성은 물리학과 사회학의 머나먼 거리를 순식간에 사라지게 했다. 사회학자와 물리학자가 우리가 살고 있는 이 동일한 세상의 '세상물정'을 궁금해하는 한, 각자가 속한 분과학문의 차이는 놀랍게도 무색해진다.

사회학자와 물리학자는 동일한 세상에 살고 있는 동시대 사람임을

'세상물정'이라는 융합의 테이블에서 새삼스레 확인했다. 물리학에 대해 전혀 아는 바가 없는 사회학자는 그 테이블에서 물리학자의 이야기를 놓치지 않고 이해할 수 있었고, 그의 통찰에 감탄했다. 사회학과 물리학은 '세상물정'이라는 질문을 통해 이렇게 만났고, 그 만남은 깊은 설렘을 남겼다.

노명우(아주대학교 사회학과 교수, 『세상물정의 사회학』 저자)

물리학자 '도'
세상을 본다

나는 물리학자다.

'물리학자'라고 하면, 많은 사람들이 속으로는 "세상물정 모르는 이상한 괴짜"를 떠올린다. 이런 물리학자의 상이 아주 잘못된 것은 아닌 이유가 있다. 물리학은 그 특성상 보편성을 추구하기 때문이다. 한국에 있는 전자electron나 다른 나라에 있는 전자나 정확히 같은 양자역학의 법칙을 따르고, 지금 읽고 있는 이 책에서 반사되어 독자의 눈으로 들어오는 빛이나 수백 년 전 『논어』를 읽던 선조들의 눈에 들어왔던 빛이나 정확히 같은 전자기학의 이론으로 설명된다. 표준적이고 전통적인 물리학에는 '지금', '여기'란 없고, 물리학 논문에는 '나'가 없다. 물리학은 세상물정과 무관해 보인다.

많은 사람들이 들어본 아인슈타인의 식 $E=mc^2$도 마찬가지라서, 이 식은 우변의 m이 '무엇'의 질량인지와 상관없이 항상 성립한다. 그런데 만약 이 유명한 식을 누군가가 손으로 적어놓은 것을 본다면, 십중팔구 식을 적은 물리학자가 동양인인지 서양인인지는 알 수 있다. 영어 알파벳이든 숫자든, 한국 사람이 손으로 적은 모양은 서양 사람이 적은 모양과 뭐가 달라도 다르기 때문이다. '여기'에서는 맞지만 '저기'에서는 틀린 물리학은 없으니 '이 땅의 물리학'이라는 것은 있을 수 없지만, 물리학자는 당연히 모두 다 하나같이 '이 땅의 물리학자'로만 존재할 수 있다. 나는 '지금'과 '여기'라는 시공간spacetime의 한 점에 발을 딛고 존재하는 물리학자다.

물리학자'도' 세상을 본다.

통계물리학이라는 분야가 있다. 전통적인 통계물리학의 주제는 수많은 입자들로 이루어진 기체나 고체에 관한 것이었다. 지금은, 마찬가지로 많은 수의 무엇인가로 이루어진 커다란 시스템으로 볼 수 있는 사회, 경제, 그리고 생명 현상 등으로 연구의 관심이 확대되고 있다. 논문을 쓰는 것은 물리학자의 가장 중요한 존재 방식의 하나다. 보편성을 추구하는 학문의 성격상 '나'라는 주어를 가지고 '지금', '여기'에서 벌어지는 일들에 대한 생각을 논문에 적기는 사실 쉽지 않았다.

논문으로 출판한 연구 중 '지금, 여기'를 함께 살아가는 다른 사람들에게 그 의미를 이야기해주고 싶은 것들이 있었다. 물리학자의 눈으로 본, '지금, 여기'의 세상물정 이야기를 책의 형태로 세상에 내보낸다. 가슴이 두근거린다.

책에 실린 내용 중에는 논문의 형태로 먼저 출판된 것들이 많다. 참고문헌의 목록은 책에 넣지 않았다. 대신 http://statphys.skku.ac.kr/SocPhys/에서 논문 등의 참고자료를 내려 받을 수 있다. 책의 내용에 대한 질문이나 잘못된 내용들 그리고 좋은 제안은 이메일로 보내주시기 바란다(socphys@gmail.com).

감사하고 싶은 분들이 많다. 가장 먼저 떠오르는 얼굴들은 나를 가르친 스승들, 함께 연구를 했던 연구자들, 그리고 사랑하는 대학원생들이다. 처음 글을 쓸 기회를 준 주간동아의 송화선 기자, 책 출판을 제안하고 격려해준 동아시아 출판사의 한성봉 대표, 그리고 예쁘게 책을 만들고 다듬어준 강태영 편집자에게 감사드린다. 집중하면 아무것도 듣지 못하는 물리학자 남편을 이해해주고, 글을 세상에 내보내기 전, 원고의 첫 독자였던 사랑하는 아내 손윤이, 그리고 내 삶의 가장 큰 기쁨인 두 딸 김수빈, 김유빈에게 이 책을 내민다.

2015년 9월

김범준

차례

1장 '지금 여기'를 말하는 사회물리학의 세계

2장 복잡한 세상을 꿰뚫어 보는 통계물리학의 아름다움

3장 물리학자는 세상물정을 모른다고?

1장

'지금 여기'를 말하는 사회물리학의 세계

1

뒷담화를 권한다

빅데이터로 본 민주주의 사회의 허울

가치중립적인 과학은 없다. 핵분열과 핵융합의 물리학은 세계 정치지형을 바꿨고, 현재 진행되는 빅 데이터big data 물리학은 이미 우리 일상에 큰 영향을 미치고 있다. 수많은 투표자의 행동 데이터 분석이 미국 대통령 선거의 선거 전략 수립에 활용됐으며, 대형마트는 위치 추적 장치를 부착한 쇼핑 카트의 이동 경로 자료를 분석해 상품 진열 결정에 참고한다. 앞으로는 지금보다 훨씬 더 많이, 그 영향이 좋든 안 좋든 그리고 우리가 원하든 원하지 않든 우리 일상의 자료가 수집되고 분석되며 이용될 것이다. 현재 상상할 수 있는 규모를 훨씬 넘어서 말이다.

하지만 사실 매일 더디게 진행되는 연구 단계에서 진행을 위한 가치판단이 필요한 경우는 드물다. 지금은 기존 과학의 바탕을 뒤흔드는 패러다임 전환이 일어나는 '과학혁명의 시기scientific revolution'가 아닌 '정상과학normal science'의 시대다. 때문에 물리학자는 대부분 자신이 진행하는 연구의 물리학 밖의 '의미'에 대한 큰 고민 없이 하루하루 연구에 매진한다.

연구 주제를 정할 때 물리학 외의 가치판단이 거의 필요하지 않던 나에게 과학의 가치중립성에 대해 생각해볼 계기가 된 논문이 있다. 논문 저자들의 주장에 의하면 〈그림1〉과 같은 방식으로 연결된 구성원의 모임이 가장 높은 수준의 '때맞음'을 보여준다. 때맞음은 말 그대로 '때'가 '맞음'을 의미한다. 많은 청중이 모여 각자 다른 사람의 박수소리에 맞춰 박수를 치는 상황에서 오래지 않아 모든 사람이 같은 박자로 박수를 치게 되는 상황을 떠올려보면 되겠다.

논문의 저자들은 〈그림1〉처럼 연결됐을 때 때맞음이 가장 잘 일어난다는 것을 수학적 방법으로 엄밀히 증명해놓아서 그 결과가 틀릴 것으로 보이지 않았다. 그런데 내가 논문을 읽고 처음 든 생각은 〈그림1〉이 가장 좋다는 결과가 '싫다'는 것이었다. 내가 이전에 출판했거나 읽은 과학 논문의 결론은 '옳거나 틀리거나' 할 수 있지만, 논문의 결론에 대해 '좋거나 싫거나'라는 가치판단을 해본 경우는 드물다.

논문의 결론이 '마음에 들지 않은' 이유는 〈그림1〉의 나무 모양 연결망에서는 완벽한 상명하복上命下服이 일어나기 때문이다. 〈그림1〉의 연결망 화살표의 방향은 구성원이 정보를 전달하는 방향이다. 상위 구성원은 자기 아래의 구성원에게 의견을 전달할 수 있지만 그들로부터

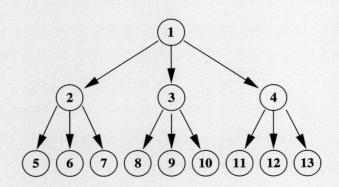

그림1 나무 모양의 상명하복의 계층 구조. 화살표의 방향은 의견이 전달되는 방향이다. 상위 계층은 하위 계층에 영향을 줄 수 있지만, 그 반대 방향의 의견 전달은 허락되지 않는다.

는 의견을 전혀 듣지 않는 구조다. 전체 연결망이 더 높은 수준의 의견 일치에 이르는 데에 이러한 완벽한 상명하복 구조가 가장 효율적이라는 결론은 정말 마음에 들지 않았다. 민주적인 합일 과정보다 모든 사람이 '위에서 시키면 무조건 한다'는 과정을 따르는 것이 사회 전체의 공통된 의견 형성에 더 효과적이라는 의미로 읽히기 때문이다.

논문을 좀 더 자세히 살펴본 결과, 논문 저자들이 이용한 수학적 모형은 각 구성원이 가진 고유 진동수가 서로 다른 경우를 기술할 수 없다는 점을 알게 됐다. 그렇다면 각자가 가진 고유 진동수가 서로 다른 경우(홀로 있을 때 개인이 치는 박수 박자가 모두 제각각이어서 이 논문의 모형보다 더 현실에 가까운 경우)에도 〈그림1〉이 가장 효율적인 구조일까. 이 내용을 살펴보는 방향으로 연구를 시작하게 됐다. 연구의 결론만 먼저 소개하자면, 개개인의 다양성이 존재하는 경우에는 〈그림1〉의 의사결정 방식이 최적의 구조가 아니다.

◈

한 조직 안에서 사람들이 같은 계층의 사람이나 자기보다 상위에 있는 사람에게 의사를 전달할 수 있는 채널이 얼마나 있는지를 기술하는 조절변수를 p라 하자. 만약 $p=0$이면 〈그림1〉이 된다. p값이 점점 커지면 〈그림2〉처럼 좀 더 다양한 의사소통 채널이 만들어진다. 내가 싫어한 논문의 결론은 $p=0$인 〈그림1〉의 완벽한 상명하복 구조가 계층 간 의사소통이 가능한 〈그림2〉 구조보다 더 큰 규모의 '때맞음'을 보여준다

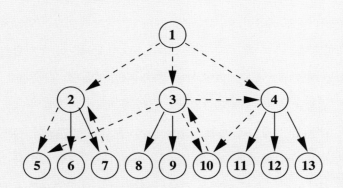

그림2 나무 모양의 계층 구조에 다양한 의견 전달의 통로가 생긴 모양. 같은 계층뿐 아니라 계층을 넘나드는 의사전달이 가능한 구조이다.

는 것이었다. 나는 엄재곤, 한성국 박사와 함께 이에 대한 새로운 계산을 했다. 구성원 고유 진동수의 다양성이 허락된 모형을 이용해 도출한 결과가 다음 장의 〈그림3〉이다.

〈그림3〉은 구성원의 때맞음 정도가 시간이 지나면서 어떻게 변하는지를 보여준다. 세로축 값 0은 모든 구성원이 제각각 박수를 치는, 때맞음이 전혀 안 된 상태를 의미한다. 반대로 1은 모든 사람이 완벽하게 박자를 맞춰 박수를 치는 상태로 생각하면 된다. 처음에 제각각 박수를 치더라도 시간이 지나면 사람들이 의견 일치에 이르러 어느 정도 비슷한 박자로 박수를 치게 되는 현상은, p값에 관계없이 즉 사람의 의사소통 채널 구조에 관계없이 항상 일어난다는 것을 볼 수 있다.

〈그림3〉을 좀 더 자세히 살펴보면 더욱 흥미로운 사실을 발견할 수 있다. 완벽한 상명하복 계층 구조(p=0)에 해당하는 경우에는 상당히 빠른 시간 안에 때맞음 정도가 커진다. 상명하복 구조에 다양한 의사소통 채널이 생길수록 때맞음 정도는 줄어든다(p=0인 경우와 p=0.5인 경우를 〈그림3〉에서 비교할 것).

흥미로운 일은 그다음에 생긴다. 의사소통 채널이 충분히 많아지면(p=0.5와 p=1을 비교할 것) 상황이 역전돼 때맞음 정도가 완벽한 상명하복의 계층 구조(p=0)를 넘어서게 된다. 더욱 흥미로운 것은 이러한 민주적 의사소통 구조(p=1)가 상명하복 의사소통 구조(p=0)를 넘어서는 결과를 얻는 상황이 일어나기까지 상당히 오랜 시간이 걸린다는 점이다. 이러한 결과를 좀 더 확실히 보여주기 위해 그린 것이 〈그림4〉와 〈그림5〉이다.

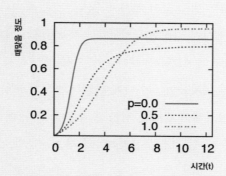

그림3 시간이 흐르면서 때맞음의 정도가 어떻게 변하는지 보여주는 그래프. 처음에 때맞음이 전혀 안된 상태에서 출발해도 시간이 흐르면 점점 더 때맞음의 정도가 커짐을 보여준다. 완벽한 상명하복의 구조(p=0인 경우, 〈그림1〉 참조)는 이른 시간에서는 때맞음이 잘 되지만, 시간이 더 흐르면 〈그림2〉처럼 다양한 의사소통 채널이 있는 p=1.0인 경우에 비해 때맞음의 정도가 작아진다(즉, t>7에서 녹색 선이 붉은색 선보다 더 위에 있다).

〈그림4〉를 보면 상명하복 구조에서 다양한 의사소통이 가능해지면 한동안은 때맞음 정도가 약해진다. 하지만 계층을 넘나드는 의사소통이 훨씬 더 활발해지면(즉, p가 충분히 커지면) 결국에는 상명하복 구조보다 더 강한 때맞음이 일어난다는 것을 볼 수 있다. 나와 공동연구자들은 이 결과를 얻고 상당히 기뻤다. 내가 싫어하던 원 논문과는 다른 결과이기 때문이다.

앞서 이야기했듯 원 논문의 결과가 '틀린' 것은 아니다. 다만 그 결과는 사람들의 개성이 다양한(구성원의 고유 진동수가 서로 다른) 경우에는 적용할 수 없다. 〈그림4〉에서 볼 수 있듯, 상명하복 계층 구조를 넘어서는 정도의 때맞음이 일어나기 위해서는 의사소통 채널의 다양성을 '상당히' 보장해야 한다는 점도 유의해야 한다. 대충대충 '무늬만' 민주적인 의사결정 구조는 상명하복의 계층 구조만도 못한 결과를 가져온다.

〈그림5〉는 구성원이 의견 일치에 도달할 때까지 얼마나 오랜 시간이 걸리는지를 나의 모형에서 측정해본 것이다. 상명하복 계층 구조($p=0$)에서는 놀라울 정도로 짧은 시간 안에 의견 일치에 도달할 수 있다. 하지만 다양한 의사소통 채널이 존재하는 경우에는 상당히 오랜 시간이 지난 다음에야 의견 일치에 도달하게 된다.

나와 공동연구자들이 얻은 결과는 엄청나게 단순화한 추상적인 모형에서 구한 것이다. 실제 한국 사회의 의견 일치 과정과 직접 비교하는 데는 상당한 위험이 따른다. 그럼에도 나의 연구 결과는 민주적인 의견 일치에 이르는 과정에 대해 흥미로운 시사점을 준다.

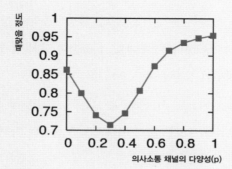

그림4 〈그림3〉에서 시간이 충분히 지난 다음 때맞음의 정도를 구해서 이를 의사
소통 채널의 다양성 p의 함수로 그린 그래프. 완벽한 상명하복 계층 구조에 해당
하는 $p=0$으로부터 시작하여 의사소통 채널의 다양성이 증가하면 처음에는 때맞
음의 정도가 약해지다가, 충분한 의사소통 채널의 다양성이 존재하는 경우에는
상황이 역전되어 $p=0$인 경우보다 때맞음이 더 잘됨을 보여준다.

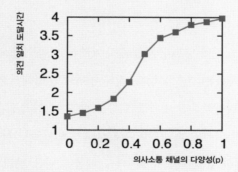

그림5 의견일치에 도달하기까지의 시간은 의사소통 채널의 다양성 p와 함께 계
속 증가한다. 즉, 완벽한 상명하복의 계층 구조($p=0$, 〈그림1〉)에서는 가장 빠른 시
간 안에 의견합일에 이르는 반면, 〈그림2〉처럼 다양한 의사소통 채널이 더 존재
할수록 의견합일에 이를 때까지 점점 더 오랜 시간이 걸린다.

먼저 상명하복의 계층 구조는 큰 장점이 있다. 최상위층에서 정한 내용을 엄청나게 빠른 시간 안에 모든 구성원에게까지 전달할 수 있다 (〈그림5〉 참조). 그러나 큰 문제도 있다. 최상위층의 결정이 전체 사회를 위해 올바른 것이 아닌 경우에도 그 결정이 사회 전체에 파급돼 모든 구성원이 잘못된 결정을 따르게 되는 것이다.

반면 계층을 넘나드는 의사소통과 토론이 가능한 구조의 경우에는 최상위층의 결정이 올바른 것이 아니라도 구성원의 의견 교환을 통해 다른 의견으로 합의할 수 있는 가능성이 생긴다. 시간은 훨씬 더 오래 걸리지만. 민주주의는 길고 긴 토론의 과정을 거쳐야 하기 때문에 고통스럽다는 것을 그대로 보여준다고나 할까.

◆

한 사회 안의 모든 의사결정 구조에서 계층을 넘나드는 채널이 많을수록 좋다고 주장하는 것은 아니다. 적군이 바로 눈앞에서 진격해오는데 대응 전략을 결정한다고 며칠씩 토론을 할 수는 없지 않은가. 이런 경우에는 당연히 의사결정 내용보다 의사결정에 이르는 시간이 더 중요하다. 비록 최선의 결정이 아닐지라도 대응 전략을 빨리 정하는 것이 좋다. 군대의 명령체계가 〈그림1〉 구조인 것도 그 이유다. 하지만 한국 사회 전체가 군대는 아니다.

앞에서 이야기하지는 않았지만 〈그림2〉 구조를 다시 보면 최상위 자는 〈그림1〉과 마찬가지로 여전히 딴 사람의 말을 전혀 듣지 않는다.

그럼에도 다양한 의사소통 구조가 존재하면 최상위자의 일방적인 명령을 전체 집단의 다른 올바른 의견으로 수정할 수 있다는 점이 흥미롭다. 한국 사회의 정치 구조나 대기업 내 의사결정 구조와 관련지어 생각해볼 여지가 있다. 신문지상에 자주 등장하는 '불통의 리더십'이나 '제왕적 대통령제'라는 표현과 더불어 생각해볼 수도 있다.

한국 대학에서 진행하는 많은 연구는 연구팀을 이끄는 교수와 대학원생으로 구성된 그룹에서 주로 진행한다. 이런 문화에서 나 같은 지도교수가 연구와 관련해 말도 안 되는 헛소리를 해도, 그룹에 속한 대학원생이 그것을 지적하기란 여간해서는 어렵다. 지도교수의 헛소리를 극복하는 길은 무엇일까. 이 글을 읽은 독자라면 이미 답을 알고 있을 것이다. 그 답은 '뒷담화'를 활성화하는 것이다. 뒷담화로 바로잡은 나의 헛소리를 대학원생들이 알려주면 금상첨화일 것이다.

2

메르스 후진국 물리학자의 뒤늦은 한마디

연결망 과학이 이야기하는 감염의 전파

집 나서는 나의 뒤통수에 걸린 아내의 한마디, "마스크 챙겨가!" 메르스MERS라 불리는 중동호흡기 증후군Middle East Respiratory Syndrome은 2015년 6월 초부터 7월 말까지, 온 나라의 걱정거리였다. 서로 영향을 주고받으며 함께 살아가는 사회에서 사람들 사이에 전염되는 것은 사실 병원균만이 아니다. 새로운 소식도, 옷차림도, 컴퓨터 바이러스도 전염된다. 어떤 소식은 공기로 전염되는 병원균처럼 직접적인 대면 접촉 없이 다양한 형태의 언론 매체를 통해 전염된다. 또 어떤 소식은 소곤소곤 귓속말의 형태로 접촉에 의해서만 전염되기도 한다. 얼마 전 당신이 구입한 유행하는 바지는 텔레비전에 등장한 유명 배우에게서 매체를 통해 전염된 것일 수도 있고, 함께 차를 마실 때 "요새 유행하는 바지가 이런 것"이라고 알려준 친구로부터의 접촉 전염일 수도 있다.

내가 지금 시작하려는 메르스 이야기도 어떤 의미로 전염의 전파 때문이다. 한국 사회를 뒤흔들고 있는 메르스 '병원균'의 전파, 그리고 그 '소식'의 대면 접촉 전파의 궁극적 형태인 "마스크 챙겨가!"

통계물리학자들은 이처럼 완전히 다른 전염(병원균이든 소식이든)의 전파 현상도 두루뭉술하게 같은 방식으로 좀 더 큰 틀에서 이해하려 한다. 서로 관계를 맺고 있는 노드와 연결선으로 이루어진 연결망에서 접촉에 의해 감염되어 전파되는 어떤 것들은 소식이든, 옷차림의 유행이든, 새로 개발된 신기술이든, 병원균이든, 컴퓨터 바이러스든 비슷한 방식으로 전파되며, 따라서 크게 보면 비슷한 방식으로 이해할 수 있다.

감염률이 높지 않아 크게 걱정할 것이 없고, 건강하고 면역력이 강한 사람이라면 보통 감기와 별반 다르지 않은 증상만 느끼면서 며칠 고생하다 낫는 별것 아닌 병이라는 것이 다수 전문가들의 진단이었다. 그런데 왜 중동과 가깝지도 않은 한국에서 이 감염률 높지 않은 병이 유난히 위세를 떨쳤을까. 알고 보면 매우 간단한 답이다. 사람은 아프면 자연스레 병원을 찾아가기 때문이다. 문제는 병원이었다. 처음부터.

◈

아픈 사람은 병원에 간다. 이 병을 퍼뜨리는 데 가장 큰 역할을 한 곳이 사람들이 많이 모이는 학교도 아니고, 지하철이나 버스도 아니고, 바로 병원이라는 사실은 우리가 이 문제를 이해하는 데 매우 중요하다. 치료제가 없는 감염병은 병원의 병동에서 주로 전염된다. 당연한 일이다. 병원에 있는 다른 환자들은 건강 상태가 좋지 않아 당연히 면역력이 낮다. 이곳에 새로 도착한, 새로운 감염병에 걸린 환자가 배출하는 치료제 없는 병원균은 같은 공간에 함께 있는 면역력이 떨어진 다른 환자에게 쉽게 전염된다. 그뿐 아니다. 새로운 환자를 진료한 사람, 간호한 사람, 병실을 청소한 사람, 그리고 병문안 온 사람, 이들 모두는 면역력이 떨어져 있는 다른 환자에게 새 병원균을 실어 나르는 매개체가 된다.

감염자들의 집합, 그리고 이들이 방문한 장소들의 집합을 생각해보자. 감염자 a가 병원의 병동 A를 방문했다면 a와 A를 잇는 연결망을 만들 수 있다. 같은 정보를 가지고 형태가 다른 연결망을 그릴 수도 있다. 만약 환자 a와 b가 병동 A에 함께 있었다면, 두 명의 환자 a, b를 연결선으로 이어 연결망을 만드는 것이다. 보통 언론에 보도되는 감염경로는 이런 정보를 이용해 만든다. 세 번째 방법도 있다. 환자 a가 한 병원의 병동 A에서 다른 병동 B(A와 같은 병원일 수도, 아닐 수도 있다)로 옮겨갔거나, 병동 A에서 환자 a를 진료한 의사가 이후에 병동 B에서 다른 환자를 진료를 했다면 이번에는 병동 A와 B를 잇는 연결선을 그어서 병동들의 연결망을 만드는 것이다. 병동들의 전체 집합을 생각하고 집합 안의 두 병동 사이에 어떤 식으로든 병원균의 전파가 있었다면, 두 병동을 선으로 잇는 방법으로 연결망을 그려보자는 이야기다. 이렇게 만든 세 번째 연결망, 즉 병동들의 연결망에서 질병은 사람이 아니라 병동을 전염시킨다. 사람은 연결선이 되어 한 병동에서 다른 병동으로 병원균을 실어 나른다.

다른 곳도 아니고 병에 걸려 낫기 위해 찾아가는 병원이 다른 병을 옮길 수 있다는 이야기는 언뜻 생각하면 끔찍하다. 하지만 전염병의 전파를 막아야 하는 입장에서는 꽤 좋은 소식이다. 병원만 조심하면 쉽게 전염병 전파를 막을 수 있기 때문이다. 아픈 사람은 병원에 자발적으로 온다. 이때 병원에 온 새로운 감염병 걸린 사람들을 극도의 주의를 기울여 만들어놓은 시설에 일정기간 잘 격리해놓고 외부와의 접촉을 완벽히 차단하기만 하면 더 이상의 감염을 막을 수 있는 것이다. 비유해서 이야기해보자. 다른 사람들에게 공포를 주는 괴담을 전파하기 위해서 반드시 경찰서에 모여서 귓속말을 해야 한다면, 이처럼 막기 쉬운 괴담이 어디 있겠는가. 사람은 버스를 타고 돌아다녀도 병원은 돌아다니지 못하니, 병원만 조심하면 메르스는 당연히 초기에 막을 수 있었다. 다시 말하지만 문제는 처음부터 병원이었다.

질병 발생 초기 감염자 수는 시간에 대해 지수함수의 꼴로 증가한다. 이때 지수함수라는 함수 꼴이 중요하다. 지수함수는 엄청나게 빨리 증가하는 함수다. 처음 병에 걸린 사람을 1차 감염자, 이 사람에게서 감염된 사람을 2차 감염자로 부르는 식으로 해서, 아무런 감염 예방 조치가 없고 모든 사람들이 100%의 확률로 접촉에 의해서 감염된다는 극단적인 가정을 한다면 한국 사람 거의 대부분은 넉넉히 잡아도 6차 감염 즈음에는 모두 다 병에 걸린다. 한 사람이 감염기간 동안에 접촉하는 사람이 100명이라면, 첫 감염자가 전염시킬 수 있는 2차 감염자는 100명, 그다음 단계인 3차 감염자는 1만 명이 된다. 4차 감염자는 100만 명, 5차는 1억 명. 물론 우리가 사는 현실에서는 이렇게 계속 지수함수 꼴로 감염자가 끊임없이 증가하는 일은 거의 생기지 않는다(고 믿었다).

지수함수 꼴을 따르는 감염자수의 증가는 초기의 적극적인 개입이 얼마나 중요한지를 알려준다. 메르스에 의한 격리자는 한때 수천 명을 넘어갔다. 만약 1차 감염자가 생겼을 때 충분한 수의 전문 의료진이 격리된 공간 안에 투입되어 감염의 전파를 막았다면 그만한 인적, 경제적 손실은 당연히 생기지 않았을 것이다. 앞서 이야기한 병동의 연결망에서 처음 전염이 일어난 병동을 완벽히 고립시켰다면, 메르스라는 단어에 공포를 느낀 사람은 극소수였을 것이다. 적극적이고 체계적이고 과학적인 방역 노력을 기울이는 능력 있는 정부라면 당연히 초기에 전염을 멈출 수 있었다. 단 한 명의 감염자에 의해 시작된 전파가 걷잡을 수 없이 퍼진 사태를 보면, 한국은 그런 정부를 가지고 있는 것 같지 않지만.

◈

초기 방역 실패와 더불어 상황을 악화시킨 것이 하나 더 있다. 바로 정부의 '비공개' 원칙이다. 처음 메르스가 발견된 병동이 어디인지 투명하게 공개하고, 그곳을 최근 방문한 사람들에게 알려 이들을 적절히 격리했다면 상황은 많이 다를 수 있었다. 다들 안다. 소문이 소곤소곤 귓속말로 전해지면 애초의 내용이 쉽게 왜곡된다는 것을. 왜곡된 귓속

말은 근거 없는 괴담이 되어 전파된다. 공신력 있는 정부의 믿을 수 있는 발표가 없는 상황이라면 괴담은 공황panic을 만들 수도 있다.

물리학자 헬빙Dirk Helbing의 2000년 논문 주제가 바로 '탈출 상황에서의 공황'에 대한 것이었다. 사람들을 좁은 공간에 가둬놓고 실험을 할 수는 없으니, 이 논문에서는 사람들을 상호작용하는 고전역학적인 입자로 놓고 공황 상태에 빠진 사람들의 움직임을 물리학적인 방법을 이용해 컴퓨터로 시뮬레이션 했다.

논문의 결과 중 내가 특히 인상 깊게 기억하는 것은 출구가 어디인지에 대한 올바른 정보의 중요성이었다. 정말 말 그대로 한 치 앞도 볼 수 없는 상황에서 빨리 탈출해야 한다면 사람들은 공황 상태에 빠진다. 이런 재난적인 상황에서 누군가 출구가 어디 있는지를 정확히 알고, 그 정보를 다른 사람들에게 효과적으로 전달할 수 있다면 비교적 짧은 시간 안에 사람들이 재난이 발생한 방에서 탈출할 수 있음을 논문의 전산 시뮬레이션 결과는 알려주었다.

불난 방에서 탈출뿐이겠는가? 더 넓게 생각하면 이 연구에서 이야기하는 출구가 굳이 물리적 공간의 출구일 필요도 없다. 한 치 앞도 볼 수 없는 한국 사회의 선택적인 상황에서 과연 어떤 것이 올바른 선택인지 결정하는 것은 제대로 된 정보제공에 달렸다. 집단적인 공황을 극복할 수 있게 해주는 것은 바로 옳은 정보의 투명한 공개다. 정보의 공개가 공황을 만드는 것이 아니라 비공개가 공황을 만든다.

대중은 어리석지 않다. 올바른 정보를 제공받지 못한 대중이 어리석을 수도 있을 뿐이다. 심지어 대중은 그것을 극복하기도 한다. 정부의 뒤늦은 메르스 관련 병원 발표보다 훨씬 더 먼저 대중은 집단지성을 이용해 인터넷상에 메르스 감염자에 대한 정보 지도를 올렸다. 대중은 쉽게 공황상태에 빠지지 않는다. 믿을 수 있는 정보를 제공받지 못해 귓속말로 전해지는 괴담만이 정보의 원천이 될 때 대중도 공황 상태에 빠지는 것이다. 정부에 하고 싶은 말은 이것이다. 대중을 믿어라. 대중은 전지전능한 지도자가 이끌어가야 하는 생각 없는 양떼가 아니다. 또한 사스의 방역 성공이든, 세월호 참사의 참담한 실패든, 제발 좀 과거로부터 배우길 바란다.

3

누가 지역감정을 만드는가
그래프로 확인한 영호남이라는 괘씸한 잣대

우리 모두는 수많은 사람이 영향을 주고받는 사회 안에서 매일을 살아간다. 며칠만 지나도 한참 옛날처럼 느껴지는 정치면 기사들, 어제의 적이 오늘의 친구가 되는 국제관계 등 머리가 핑핑 돌 정도로 급변하는 국내와 세계의 정치, 경제, 문화, 사회 상황. 여기에 맞춰 모든 사람이 동의하는 합리적인 해결 방안을 그때그때 찾는 것은 불가능한 일이다.

그보다는 믿을 수 있고 능력 있는 소수를 대표로 선출해 그들에게 사회의 중요한 결정을 내리도록 권력을 위임하는 것이 더 효율적이다. 물론 권력을 행사하는 정치집단은 임기 후 선거를 통해 교체할 수 있어야 한다. 대부분의 민주국가에서 선거를 통해 임기가 정해진 선출직 정치인을 뽑는 대의민주주의 제도를 시행하는 이유다. 권력을 믿고 맡길 적임자를 선택하는 권리를 다수의 보통 사람에게 부여하는 보통선거는 소수의 정치학 전문가에게 일임하는 것보다 훨씬 더 좋은 결과를 낼 수 있다.

◆

한 지방선거를 살펴보자. 한국에서 치러지는 선거에서는 유별나게 지역별 투표 성향이 많이 차이 난다. 한반도 남쪽을 동서로 나눌 때, 동쪽 경상도 지역과 서쪽 전라도 지역은 확연히 다른 투표 결과를 보인다. 〈그림1〉은 제6회 전국동시지방선거 17개 광역자치단체장 선거 결과를 지도 위에 소속 정당을 대표하는 색으로 표시한 것이다. (그림 1~5는 이일구 박사와 조우성 씨가 그렸다.)

〈그림1〉 왼쪽 지도를 보면 경상도 지역에서는 여당인 새누리당 당적을 가진 후보가, 전라도 지역에서는 반대로 새정치민주연합 후보가 많이 당선한 것을 알 수 있다. 하지만 이것만으로는 도대체 얼마나 많은 사람이 두 정당을 지지했는지를 한눈에 알기 어렵다. 예를 들어 인구밀도가 아주 높은 서울 지역은 사람 수는 많은데 넓이가 작다. 이렇게 개표 결과를 표시하면 얼마나 많은 사람이 여당 후보를 찍었는지 알 수 없다. 따라서 각 지역의 인구밀도가 많이 다른 경우에는 실제 지도와는 생김새가 다르지만 각 지역의 넓이를 그 지역 인구수에 비례하도록 변형해 〈그림1〉 오른쪽 지도처럼 정보를 표시하는 게 실제 투표

그림1 2014년 6·4 지방선거 광역자치단체장 투표 결과. 보통 지도 위 그림(왼쪽)과 인구비례지도 위 그림(오른쪽)

그림2 (왼쪽부터) 6·4 지방선거 교육감, 기초자치단체장, 그리고 광역의회 비례대표 후보 새누리당 지지율의 인구비례 지도

결과를 직관적으로 이해하는 데 도움이 된다. 〈그림2〉는 마찬가지로 인구비례지도에 왼쪽부터 교육감, 기초자치단체장, 그리고 광역의회 비례대표 후보의 새누리당 지지율을 표시해본 것이다. 지도에 표시된 색이 빨간색에 가까울수록 해당 지역의 새누리당 지지율이 높다는 뜻이다.

이번엔 조금 다른 이야기를 해보자. 서울 강남 3구는 여당세가 강하고, 전라도 지역의 투표 성향은 어디나 대동소이하며, 경상도 역시 마찬가지다. 지리적으로 가까운 곳에 사는 사람들의 정치적 생각은 서로 크게 다르지 않다. 당연하다. 그런데 물리학자들은 어찌 보면 당연한 이런 이야기도 정량적으로 표현하기를 좋아한다. 〈그림3〉은 선거에서 〈그림2〉에 있는 광역의회 비례대표 후보의 지역별 새누리당 득표율이 거리에 따라 어떻게 변해가는지 그려본 것이다. 이 경향을 '득표율의 거리상관함수'라 한다.

거리가 r만큼 떨어진 선거구 A와 B가 있다고 하자. r이 작다면 두 지역은 아주 가깝게 사는 이웃이고, 따라서 거의 비슷한 투표 성향을 보일 것이다. 다닥다닥 붙어 있는 강남 3구의 새누리당 지지율이 비슷하게 높은 것처럼 말이다. 이처럼 r이 작을 때는 두 지역의 투표 성향이 아주 비슷해 강한 상관관계를 보인다. 곧 상관함수의 값이 최댓값인 1에 가깝게 된다. 거꾸로 두 선거구 A와 B 사이 거리가 아주 멀어지면 특정 정당의 A지역 득표율과 B지역 득표율은 서로 연관성이 옅어지고, 따라서 상관함수의 값은 0에 가까워질 것으로 기대할 수 있다.

〈그림3〉은 이런 예측이 맞는다는 것을 보여주면서 어느 정도의 거

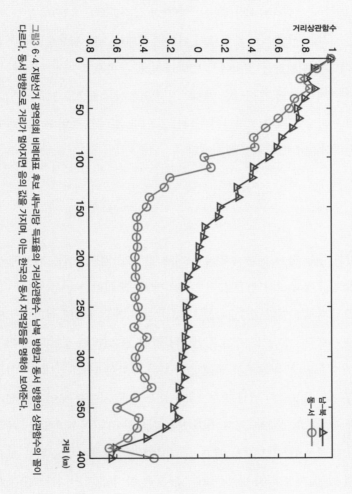

그림3 6·4 지방선거 광역의회 비례대표 흑분 새누리당 득표율의 거리상관함수. 남북 방향과 동서 방향이 상관함수의 꼴이 다르다. 동서 방향으로 거리가 멀어지면 음의 값을 가지며, 이는 한국의 동서 지역감을 영향히 보여준다.

리가 투표 성향을 결정하는지도 알려준다. 그래프에 따르면 대략 남북 방향으로 200km를 넘어서면 두 지역의 투표 성향은 상관이 없어진다. 동서 방향으로는 약 100km가 넘으면 상관관계가 음(-)이 된다. 사람들의 투표 성향이 아예 반대가 된다는 의미다. 평균적으로 이야기하면 여당을 지지하는 지역에서 100km 넘게 서쪽으로 가면 야당을 지지하는 지역이 되고, 야당을 지지하는 지역에서 동쪽으로 100km 넘게 가면 여당을 지지하는 지역이 된다는 뜻이다. 한국의 동서 지역갈등을 명확히 보여주는 그래프라 하겠다.

❖

이러한 투표 행태는 대체 언제 시작된 것일까. 일부에서는 백제와 신라의 갈등에서 그 원인을 찾기도 하지만, 사실 이러한 동서 갈등은 그리 오래되지 않았다. 〈그림4〉는 1963년 이후 한국 대통령 선거에서 당선한 후보의 득표율을 가지고 인구비례지도를 그려본 것이다. 흥미로운 사실은 박정희 후보와 윤보선 후보가 경합한 1963년 대선에서는 박 후보의 득표율이 남북 방향으로는 어느 정도 차이를 보이지만 전라도와 경상도의 경우엔 거의 차이가 없다는 점이다. 이후 똑같은 두 후보가 경쟁한 1967년 선거 때는 박 후보가 경상도에서 약진하는 모습을 볼 수 있지만 역시 매우 두드러진 것은 아니다. 동서 지역 간 투표 성향 차이는 이후 점점 커지다 한국 대선 역사에서 가장 극명한 지역 감정을 보여준 97년 김대중 후보와 이회창 후보의 선거에서 극에 달

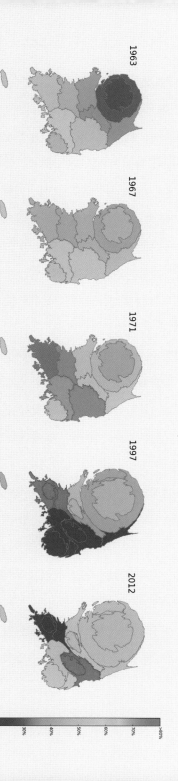

그림4 1963년 이후 한국 대통령 선거 결과의 인구비례지도. 대통령 당선자의 득표율이 각 지역에서 높거나(빨강), 낮은(녹색) 분포양상을 보여준다. 1963년 대통령 선거에서는 동서의 차이가 거의 없었지만 1967년, 1971년에 이르러서는 명확한 차이를 보여준다. 김대중이 당선된 1997년의 선거가 가장 극심한 동서 차이를 보여준다.

한다.

〈그림5〉는 한국의 역대 대통령 당선자가 경북과 전남 지역에서 얻은 득표율 차이를 계산해 그린 것이다. 1960년대까지만 해도 경북과 전남에는 아무런 차이가 없지만 1987년 대선에서는 큰 차이를 보인 것을 알 수 있다. 1971년과 1987년 사이에는 대통령 직접선거가 치러지지 않아 자료가 없다. 이 그래프를 통해 알 수 있는 것은 한국을 동서로 양분하는 지역감정은, 길게 잡아 30년도 안 되는 한국 현대사의 암울한 기간에 만들어지고 고착화됐다는 점이다.

다시 말해 지역감정은 투표권을 행사하는 평범한 사람을 위한 것이 아니라, 그 투표에 의해 선출되기를 바란 정치인을 위해 조장된 것이다. 대동소이한 사람을 임의의 기준에 따라 두 집단으로 나눈 뒤 집단 내부 결속을 강화하면서 다른 집단과의 소통을 단절하면, 시간이 지나면서 한 집단은 다른 집단에 비해 우월하다는 믿음과 상대 집단에 대한 적대감을 자발적으로 발전시키게 된다는 연구결과가 여럿 있다. 국민 통합을 방해하는 자들은 평범한 우리가 아니다. 보이지도 않는 미세한 차이를 과장해 우리를 또 다른 우리와 구별하도록 유도하고 이를 이용해 손쉽게 선거에서 선출되기를 바랐던(그리고 여전히 바라는) '그들'이다.

연속적이고 다차원적일 수밖에 없는 사람들의 성향(사람의 성향은 고차원의 연속적인 벡터공간에서 정의된다)을 임의의 잣대를 이용해 둘로 나누고, 그 구별을 이용해 당선하기를 바라는 것은 정직하지 못한 행동이다. 이런 '구별'에 바탕을 둔 선거에서 득을 보는 것은 무능력하

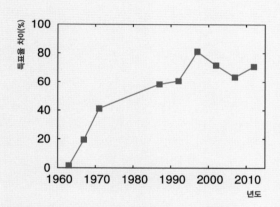

그림5 1963년 이후 직접선거가 시행된 대통령 선거에서 전남과 경북의 대통령 당선자의 득표율 차이. 두 지역의 득표율이 차이가 전혀 없었던 1963년 선거에서 시작하여 1971년에는 이미 득표율 차이가 40%에 다다랐고 이후 김대중이 당선된 1997년에는 80%를 넘었다.

고 부도덕한 정치인뿐이다. 머리 복잡하게 공약을 개발할 생각 없이, 단지 '우리가 남이가'만 되풀이하는 그런 정치인은 결코 스스로 변하지 않는다. 지금까지 그랬다고 앞으로도 구태를 계속하는 것을 그냥 둘 수는 없다. 그 변화는 그들이 아닌 평범한 우리가 만들어야 한다. 더 늦기 전에.

4

〈인터스텔라〉와 허니버터칩의 성공비결
문턱 값이 좌우하는 유행의 비밀

아니, 1000만이라니. 크리스토퍼 놀란 감독도, 배우도, 배급사도, 그리고 영화를 남보다 조금 먼저 본 물리학자까지도 〈인터스텔라〉가 한국에서 이 정도로 많은 관객을 끌어모을지는 몰랐을 것이다. 한국 사람 다섯 중 하나꼴로 과학적인 내용이 듬뿍 담긴 이 SF영화를 봤다는 것은 정말 경이로운 일이다. 한국도 드디어 사람들 대부분이 과학에 관심 갖는 과학 선진국에 접어든 것일까. 노벨상도 머지않은 것일까?

그런데 정말 그럴까. 관객들로 꽉 찬 〈인터스텔라〉가 상영되는 영화관 옆 서점에는 과학 코너가 따로 없고, 어른을 위한 대중 과학 잡지는 존재한 적도 없다. 어른들에게 과학은 아이를 대학에 합격시키기 위해 공부시켜야 할 어떤 것일 뿐, 자기 자신은 몰라도 될 그 무엇이다. 텔레비전에 여러 번 나올 정도로 저명한 과학자의 진짜 과학책도 한국에서는 기껏 수천 부 팔린다. 물 분자가 뭘 안다나 모른다나 하는, 말도 안되는 내용으로 가득한 의사과학pseudo-science 책은 그보다 훨씬 더 팔렸을 것이다. 혈액형별로 책이 한 권씩 따로 있는 '혈액형 심리학' 책은 또 얼마나 많이 팔렸을까.

물론 〈인터스텔라〉는 잘 만든 영화다. 물리학적인 사실을 위배하지 않으려 애쓴 내용과 이를 멋지게 표현한 스펙터클은 다른 영화들에 비하면 공들인 흔적이 돋보인다. 고난에 맞선 위인이 이를 극복하고 악인과의 싸움에서 이겨 결국 해피엔딩으로 마감하는 영화문법은 성공적인 헐리우드 영화의 틀을 잘 따라가 대중성도 있다. 하지만 이런 요소들을 고루 갖추고도 흥행에 실패한 SF 명작 영화들이 적지 않은 것을 생각하면, 영화의 내적 요소만으로 〈인터스텔라〉 흥행의 성공을 이해하는 것은 무리가 있다.

허니버터칩 광풍은 또 어떤가. 과자 봉지를 손에 들고 자랑스럽게 거리를 활보하면 길을 걷는 행인들이 부러운 눈빛으로 쳐다본다. 다른 상품들과 묶음상품으로 진열해 배보다 배꼽이 더 큰 형태로 팔아도, 허니버터칩을 사고자 하는 수요는 그칠 줄 모른다. 무려 다섯 상자를 구해 군부대를 방문한 정치인에 대해서는 어떻게 이 귀한 것을 다섯 상자나 구했을지에 대한 의구심이 온라인 공간에 회자된다. 나도 너무 궁금해 주변의 도움으로 맛을 보기는 했다. 맛이 없다고는 못하겠지만, 이 과자가 유명해진 요인이 과자의 맛뿐일까. 〈인터스텔라〉나 허니버터칩이나, 성공적인 상품의 등장을 단순히 그 상품의 품질만으로 설명하기에는 뭔가 부족해 보인다.

◈

〈인터스텔라〉 개봉 후 한 달 만에 영화의 물리학적인 내용에 대한 멋진 책이 출판되었고, 또 이미 많은 물리학자들이 여러 매체에 영화를 소개한 바 있다. 이 글은 영화의 내용에 대한 것은 아니다. 사실 다양한 분야의 물리학이 있다 보니, 통계물리학을 전공하는 나에게 블랙홀과 시간 지연효과에 대해 물어봐도 내가 해줄 수 있는 설명은 물리학과 학부생의 수준과 별 차이 없다. 아니, 어쩌면 배운 지 워낙 오래되어서 더 못할 수도. 내가 시작하는 이야기는 '왜 어떤 영화는 다른 영화보다 훨씬 많은 사람이 보고, 어떤 과자는 사재기 열풍을 일으켜 심지어 중고 과자가 거래될 정도로 인기를 끌까'에 대한 것이다. 다시 생각해보면 비단 영화나 과자뿐 아니라 이와 비슷한 일이 자주 일어난다는 것을 알 수 있다. 누구나 알고 있던 수십 년 된 노래가 갑자기 다시 인기를 끌어 음원 차트의 윗자리를 차지하고, 유명인의 짧은 트윗 하나로 엄청난 규모의 성금이 모이기도 한다. '다이내믹 코리아'라는 말도 있듯이 한국 사회는 정말 역동적이고 빨리 변한다.

내가 외국에 살던 시절 어느 여름, 한 해 만에 방문한 한국 거리에서 수많은 조개구이 집들을 보고 깜짝 놀란 적이 있다. 그리고 다시 한 해 뒤 그 많던 조개구이 집들은 어디론가 다 자취를 감추었다. 맥주 안주로 그만인 치킨의 조리법은 또 어떤가. 기름 없이 조리한 담백한 치킨이 유행하다가, 아주 매운 양념의 치킨이 유행하더니, 파와 함께 먹는 방법이 등장해 인기를 끈다. 가능한 모든 치킨의 조리법의 집합 안에, 절대적인 기준에서 다른 모든 조리법보다 우위인 절대조리법이 존재할 리는 없다. 설령 그런 것이 실재해 모든 사람들이 치킨의 절대조리법으로 요리를 하더라도, 얼마 안 가 그 조리법에 식상한 사람들이 다른 조리법을 찾을 테니까.

뜨고 지는 수많은 인기 상품, 시시각각 파도처럼 다가와 우리를 스쳐 지나가는 한국 사회의 온갖 트렌드에 과연 공통된 무엇인가가 있을지를 찾는 것은 엄청난 수익이 걸린 문제다. 그래서 수많은 사람들이 그 비밀을 찾고자 노력하고 있다. 물리학자들은 이런 문제도 좀 다르게 삐딱하게 본다. 구체적인 성공 사례 하나하나를 자세히 이해해서 성공의 구체적인 이유를 하나하나 다르게 설명하는 것이 아니라, 이런 유행의 뜨고 짐rise and fall에 어떤 패턴이 있을 수 있는지를 보는 것이다. 허니버터칩의 구성성분을 분석해서 이 과자의 성공을 이해하는 것이 아니라, 허니버터칩이나 〈인터스텔라〉나, 너무나 다른 이 두 상품의 유행 패턴을 좀 더 큰 틀에서 함께 생각해보자는 이야기다.

여기서 소개하고 싶은 것이 있다. 서로 영향을 주고받는 사람들이 모여 있는 사회에서 일어나는 집단적인 행동을 설명하는 미국 사회학자 마크 그라노베터Mark Granovetter의 모형이다. 100명으로 이루어진 사회를 생각해보자. 그 안에는 허니버터칩을 먹어본 사람이 2명만 돼도 '아, 이게 지금 새로 뜨기 시작하는 과자인 모양이다. 나도 한번 먹어봐야지' 하고 결심해서 과자를 구입하는 유행에 극도로 민감한 사람도 있고, 먹어본 사람이 90명이 넘어야 비로소 '내가 아는 사람들이 거의 다 먹어본 것을 보니 맛있는 과자임에 틀림없어. 나도 한번 먹어볼까' 하는, 유행에 설득되기 어려운 사람도 있을 수 있다. 즉, 100명 중에는 위의 민감한 사람처럼 먹을지 안 먹을지의 행위를 결정할 때 사용하는 문턱 값threshold value이 2명인 사람도, 또 웬만해서 새로운 과자는 절대 입에 안 대는 할아버지 입맛의 문턱 값 90명인 사람도 있는 것이다.

가상의 사회에서 가장 작은 문턱 값이 2명이라면 이 사회에서는 허니버터칩의 유행이 저절로 생길 수 없다. 문턱 값이 0인 사람이 없어 처음 먹어볼 사람이 없으니 말이다. 물론 이 경우에도 사회에 유행을 퍼뜨릴 방법은 있다. 과자 회사에서 공짜로 사람들에게 허니버터칩을 먹어보게 하는 것이다. 딱 1명에게만 과자를 무료 시식하게 하면 어떨까. 1명이라면 부족하다. 1명 가지고는 가장 작은 문턱값 2명을 갖고 있는 사람을 설득할 수 없으니 유행이 시작되지 않는다. 그런데 과자 회사에서 1명이 아닌 2명을 무료 시식 행사에 초대하면 그 1명의 차이로 놀라운 일이 시작된다. 첫 시식한 2명이 "이 과자 맛있네요"라는 소문을 사회에 퍼뜨리면, 이제 최소 문턱 값 2명을 갖고 있는 사람이 과자를 사먹게 된다. 이렇게 공짜 시식 2명을 더해 모두 3명이 과자를 먹게 되면 드디어 문턱 값 3명인 사람의 마음도 움직일 수 있다. 만약 사람들의 문턱 값이 연속적으로 늘어서 있다면 다음에는 문턱 값 4명, 그다음에는 문턱 값 5명인 사람도 과자를 먹게 된다. 결국 이러한 허니버터칩 구매의 연쇄반응은 계속 이어지게 되어 100명의 모든 사람들이 이 과자를 사먹게 되는 상황에 이를 수 있다.

앞의 그라노베터의 모형에 따른 허니버터칩 사고실험을 돌이켜 보면, 흥미로운 내용이 담겨 있음을 알 수 있다. 먼저 허니버터칩이 꼭 맛있어야 할 필요가 없다. 사람들의 구매의 연쇄 반응을 일으키는 데 필요한 것은 처음 이 연쇄를 촉발하는 '씨앗seed' 역할을 할 '공짜로 시식하고 맛좋다고 이야기할 사람들'과, 사람들의 문턱 값이 중간에 틈이 없이 연속적으로 늘어서 있다는 조건뿐이다. 기업의 입장에서는, 상품 출시 직후 초기 마케팅 비용의 약간의 차이가 허니버터칩의 성공을 좌지우지할 수 있다는 점도 흥미롭다. 앞의 실험에서 처음 2명이 아니라 1명만 시식행사에 초청했다면 허니버터칩은 유행하지 않게 된다.

여기서 내가 이야기하고 싶은 더 중요한 것이 있다. 허니버터칩 연쇄 반응에서 만약 연쇄의 중간 10번째의 문턱 값을 갖고 있는 사람이 "먹어봤는데 난 진짜 별로야"라는 의견을 강하게 내면 11번째의 사람은 이제 허니버터칩을 사지 않게 되어 파급이 멈추게 된다는 사실이다. 한국 사회를 휩쓴 허니버터칩은 그럭저럭 맛이 있었고, 〈인터스텔라〉도 꽤 좋은 영화였다(주의할 것. 나의 입맛이나 영화에 대한 안목은 별로 믿을 게 못 된다). 안 좋은 영화라도 다른 사람들 말만 믿고 한번 본다고 엄청난 손해를 보는 것도 아니고, 먹고 나서 탈만 나지 않으면 자기 입맛과 조금 다른 과자를 한 봉지 먹는다고 무슨 큰 피해가 있겠는가.

하지만 한국 사회의 미래를 좌지우지할 정도로 중요한 어떤 선택이라면 이야기는 많이 달라진다. 벌거벗은 임금님 이야기처럼, 다른 사람들의 말에 비판적인 사고 없이 고개만 끄덕이다가는 무엇이든 순식간에 사회 전체로 파급될 수 있다. 많은 사람들에게 물어봐서 다수가 합의하는 해결책이 주어진 문제의 가장 효율적인 해결책인 경우가 많다는 것을 일컫는 말, 집단지성. 그런데 만약 집단 구성원들이 서로 너무 눈치를 본다면 대중의 지혜가 제대로 발현되지 못한다. 집단 내 목소리 큰 소수의 영향이 너무 커져서 이들이 목소리 작은 다수를 억압하게 되면 집단 전체가 생각해낼 수 있는 해결책의 폭이 제한되기 때문이다. 참여하는 대중은 그 자체로 지혜롭지만, 구성원들 모두가 제 목소리를 내는 '비판적인 대중'이 더 지혜롭다는 말이다. 막상 엄청난 일이 벌어져 사회 전체에 큰 해악을 끼친 다음에 물어보면 누구나 대꾸할 평계가 있다. "내 옆에 있는 모든 사람들이 그렇게 하기에 나도 그렇게 했을 뿐이야"라고 말이다. 여기서 '그렇게'를 일제강점기의 '친일', 나치 독일의 '인종차별'로 바꿔 읽어보라. 마찬가지다. 대중의 비판보다 침묵을 좋아하는 지도자, 그리고 침묵하는 대중은 민주주의를 망가뜨린다.

5

개천에서 나던 용이 하수구로 빠진 사연

자녀 교육비 그래프로 살펴본 '승자독식' 사회의 결말

요즘 대학 입시를 준비하는 학생들은 믿기지 않겠지만 내가 대학 시절을 보낸 1980년대 중후반까지 상당 기간 물리학은 이과 계열의 가장 우수한 학생이 택하는 전공이었다. 거의 예외 없이 전국 모든 지역 수석은 다 물리학과에 들어갔다(왜 다들 세상 물정 모르고 물리학과에 갔을까. 성적은 좋아도 헛똑똑이었나 보다).

물리학과의 좋았던 옛 시절을 이야기하려는 것은 아니다. 나도 그들중 한 명이라고 은근슬쩍 자랑하는 것에 덧붙여 하고 싶은 말은, 예전에는 나 같은 지방 도시 출신도 노력 여하에 따라서는 얼마든지 미래를 바꿀 수 있었다는 것이다(슬프게도 물리학과를 간다고 예나 지금이나 미래가 밝지는 않지만).

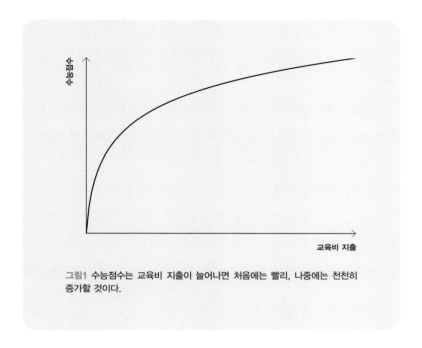

그림1 수능점수는 교육비 지출이 늘어나면 처음에는 빨리, 나중에는 천천히 증가할 것이다.

'개천에서 용 나는' 시대는 지났다고들 한다. 왜 그럴까. 퇴직 후 생활 보장을 위한 연금까지 헐어 자녀 학원비를 내는 사교육 열풍은 왜 생길까. 고등학생 수는 과거보다 줄었고 대학 수는 늘었는데 왜 대학 가기는 더 힘들어졌다고들 할까.

〈그림1〉을 보자. 그래프 가로축에는 자녀 교육비를, 세로축에는 투자한 자녀 교육비가 학생에게 몇 점의 대학수학능력시험 점수를 주는지를 그려본 것이다. 물론 엄청난 교육비를 투자해도 스스로 공부하지 않으면 성적이 나쁠 테고, 전혀 교육비를 지출하지 않아도 혼자 열심히 하면 성적은 좋을 것이다. 〈그림1〉은 이러한 예외적인 학생까지

포함해 한국의 모든 학생에 대한 일종의 평균을 예상해서 그려본 것이다. 평균적으로는 교육비를 점점 더 늘릴수록 자녀의 수능점수는 높아진다.

그래프를 좀 더 자세히 보자. 그래프의 왼쪽, 즉 교육비 지출이 적은 곳을 보면 곡선 기울기가 상당히 가파른 반면, 교육비 지출이 많은 오른쪽 부분에서는 곡선 모양이 상당히 완만하다.

〈그림1〉의 곡선 모양을 이렇게 예상하는 이유가 있다. 너무 가난해서 수능 응시료 외에는 단 한 푼의 교육비 지출도 하지 못하는 집의 자녀와 그래도 몇 권의 참고서와 문제집은 가지고 있는 학생을 비교하면, 두 학생의 수능 점수 차이는 제법 생길 수 있다. 즉, 단돈 몇만 원의 차이가 교육비 지출이 적은 영역에서는 수능점수 차이를 크게 만들 수 있다. 교육비 지출을 점점 더 늘려 공부에 필요한 책을 사주고, 인터넷 강의를 들을 수 있도록 컴퓨터도 사주면 당연히 학생들의 평균 수능점수도 높아질 것이다. 다만 그래프의 오른쪽 부분이 보여주듯 교육비로 매달 수백만 원을 지출하는 부모가 지출을 10만 원 더 늘린다고 해서 수능점수가 눈에 띄게 오르지는 않을 것이다.

〈그림2〉는 가로축은 학생의 수능점수, 세로축은 학생이 학업을 마치고 사회에 진출한 후 평생의 평균 월수입을 예상해서 그린 그래프다. 잘 알려졌듯이 한국 사회에는 소수의 고액 소득자와 저임금에 시달리는 다수의 사람이 함께 살아간다. 물론 수능 전국 수석이 가장 많은 월급을 받는 것이 아니고, 대학 문턱에도 가보지 못한 중졸 학력으로도 남보란 듯이 성공한 훌륭한 사람도 많다.

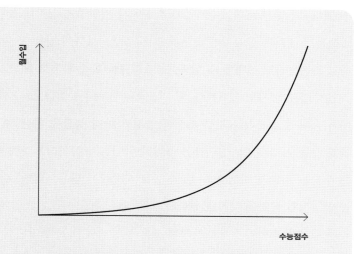

그림2 한국 사회에서 학생의 수능점수는 졸업 후 평생의 평균 월수입을 좌지우지한다. 소위 명문대를 졸업한 소수가 사회 부의 상당 부분을 차지할 가능성이 크다.

하지만 모든 사람에 대해 평균을 구한다면 〈그림2〉와 비슷한 모양이 될 것이다. 그래프에서 수능점수가 높아질수록 월수입이 점점 더 가파르게 늘어나는 것을 볼 수 있다. 최상위자 소수의 월수입은 엄청나게 많은 반면, 중간 정도까지도 최상위자보다 훨씬 적은 월급을 받는다. '승자독식 사회'라는 말을 들어봤는가. 〈그림2〉가 바로 '승자독식'이란 개념을 그린 것으로 생각해도 좋다.

한국에 몰아치는 사교육 열풍이 왜 생기는지도 설명할 수 있다. 한국 학생들의 수학, 과학 실력은 최고 수준이지만, 이들 과목에 느끼는 흥미는 다른 나라 학생보다 많이 뒤지는 이유도 비슷한 논리로 설명할 수 있다. 왜 많은 대학교수가 고등학교에서 치열하게 공부하고 온 신입생들이 예전에 설렁설렁 공부하고 온 학생들보다 수업을 못 따라온다고 느끼는지도 설명할 수 있다. 두 그래프를 함께 살펴보자.

먼저 부모가 자녀 교육비를 왜 지출하는지부터 들여다보자. 경제학에서는 자녀 교육비를 부모 자신의 안정된 미래 생활을 위한 장기 투자로 보는 시각도 있지만, 그런 이기적인 이유가 아니라도 당연히 모든 부모는 자녀가 학업을 마친 뒤 한국 사회에서 많은 사람이 선호하는 안정적인 직업을 갖기를 원한다.

나 같은 물리학자에게는 투자한 교육비 총액과 비교해 자녀의 미래 수익 총액이 어떻게 변하는지가 사교육 문제를 보는 생각의 틀이 된다. 예를 들어 자녀 교육비에 지출한 돈의 총액이 1억 원인데 교육 효과로 인한 학생의 미래 기대 수익 증가량이 1억 원보다 훨씬 밑돈다면, 현명한 부모는 당연히 교육비에 지출하느니 자녀에게 1억 원을 증여할 것이다.

그런데 실상 한국 사회에서 많은 부모가 본인의 노후 자금까지 털어 자녀 교육에 투자하는 이유는 무엇일까. 자녀 교육에 대한 투자가 지렛대 효과(투입량에 비해 산출량이 커짐)를 가져 자녀의 미래에 훨씬 더 큰 소득으로 이어질 것이라고 기대하기 때문이다. 다시 말해 한국 사교육 열풍의 이유는 승자독식 사회, 즉 〈그림2〉처럼 아주 빠르게 증가하는 함수 모양이라는 데 있다. 수단과 방법을 가리지 않고 조금이라도 수능 점수를 올리면 자녀의 미래 기대 수익이 크게 변하니, 경제적 능력이 있다면 어느 부모가 고액일망정 사교육비를 지출하지 않겠는가.

예전에는 어땠을까. 과거 한국에서 사교육 문제가 지금보다 심각하지 않았던 이유는 대부분 부모가 부담할 수 있는 교육비 지출액이 〈그림1〉의 왼쪽 부분이었기 때문이다. 학생이 학교에서 돌아오자마자 논밭에 나가 일하지 않고 공부할 수 있을 정도의 환경만 제공해도 비교우위에 섰던 시기는 이제 다시 오지 않는다. 한국 사회의 경제 발전과 함께 대부분 부모의 교육비 지출은 그래프 오른쪽으로 이동했고, 과거 같은 비교우위를 가지려면 이제는 훨씬 더 많은 교육비를 부담해야 한다.

다른 나라는 어떨까. 북유럽의 복지국가에서는 한국 같은 사교육 문제가 거의 없다. 아마 그런 나라에서도 엄청난 교육비를 지출하면 자녀 성적은 당연히 조금씩이라도 올라갈 것이다. 하지만 그렇게 성적이 오른다고 한들 학생의 미래 기대 소득이 조금밖에 늘어나지 않는 사회 구조라면 어느 부모가 과도하게 사교육비를 지출하겠는가.

◈

중·고등학교 때 힘들게 장시간 공부해 시험 점수가 높아졌어도 학생들의 과학, 수학에 대한 열정이 심하게 부족한 이유도 비슷한 논리로 설명할 수 있다. 수단과 방법을 가리지 않고 소위 명문대에 일단 진학하기만 하면 학생 장래의 성공이 상당 부분이 결정되는 한국 사회에서 대부분 학생의 공부 목적은 높은 점수를 받는 데 있다. 하나하나 더 알아가는 것을 즐거움으로 여기기 때문이 결코 아니다.

　짧은 시험 시간 안에 주어진 문제를 실수 없이 가장 빠르게 푼 학생만이 경쟁에서 살아남아 명문대에 갈 수 있고, 이를 위해 어린 학생들은 엄청난 양의 반복적인 문제 풀이에 시달린다. 문제집 세 권을 풀어본 학생에 비해 다섯 권을 풀어본 학생은 그만큼 실수를 덜해서 성적이 좀 더 나을 수 있다(〈그림1〉에서 가로축을 교육비 투자가 아닌 학생이 공부에 투자한 노력의 양으로 생각해볼 것).

　그런데 그 작은 차이가 학생 미래를 결정하게 되는 〈그림2〉의 효과로 인해 다섯 권도 부족해 열 권을 푸는 학생이 생기고, 이러한 끔찍한 양의 피드백이 계속되면 처음에 물리학을 좋아하던 학생이라도, 점차 흥미가 사라지게 된다.

　학원에서는 문제 풀이 시간을 조금이라도 줄이려고, 학생들에게 물리학의 기본 개념을 충실하게 가르치기보다 문제 풀이 요령을 달달 외우게 한다(학원에서는 그것이 비록 잘못된 요령이라고 해도 상관하지 않는다). 학원 강사에게 그렇게 하지 말라고 부탁한다고 근본적인 문제가 해결될까. 학원 강사가 그렇게라도 가르치는 근본 이유도 바로 〈그림2〉의 '승자독식' 모양 때문이다. 정확한 원리에 바탕을 두고 주어진 문제를 약간 느려도 착실히 해결하는 학생은, 비록 틀린 요령이라도 무조건 외워서 빨리 빨리 답을 구하는 학생보다 높은 점수를 받지 못한다. 이 때문에 미래의 평생 수입이 달라진다면 어느 부모가 요령을 외우게 하는 학원에 보내지 않겠는가.

　'모로 가도 서울만 가면 된다'라는 말이 있다. 다른 곳을 찾아가는 데는 무용지물인 '서울에 빨리 가는 방법'을 가르치는 것과, '지도를 보고 나침반을 이용하는 방법'을 가르치는 것 가운데 무엇이 나은지는 자명하다. 문제는 한국 사회 부의 분배구조가 이를 간접적으로 가로막는다는 점이다.

'왜'라는 질문을 하지 않는 것이 몸에 밴 학생들, 물리학을 문제 풀이를 위한 공식과 공식을 적용하는 요령의 집합으로 배운 학생들은 당장 대학에 진학하면 전혀 다른 상황에 부닥친다. 답이 있는지 없는지도 모르는 문제를 풀어야 하고, 더 공부해서 대학원에 진학하면 문제가 뭔지를 생각해내는 것 자체가 가장 중요한 문제가 된다. 현재 사교육 시장에서 가르치는 입시를 위한 과학 교육은 어쩌면 아인슈타인이 될 수도 있는 학생으로 하여금 대학에 가기 전부터 이미 물리학을 싫어하게, 문제는 잘 풀어도 자기가 도대체 무슨 문제를 푸는지도 모르게 만든다.

만약 〈그림2〉의 모양이 바뀐다면 어떻게 될까. 극단적으로 그래프 모양이 오른쪽으로 갈수록 줄어드는 감소함수 꼴이 되면 공부를 하지 않을수록 사회에서 성공하는, 모든 입시생의 꿈이겠지만 현실에서는 말이 안되는 사회가 된다. 그래프 모양이 평평해서 수능 점수와 월수익이 아무 상관이 없어진다면 이는 자아 실현 욕구를 간접적으로 억압한 극단적인 전체주의 사회에 해당한다(능력에 맞춰서만 일하고 정해진 필요에 따라서만 분배하면 결국 사람은 더 나은 능력을 갖기 위한 노력 자체를 하지 않게 되고, 따라서 사회 전체의 발전이 저해된다).

〈그림2〉의 모양이 증가함수 꼴이 돼야 한다는 데 대부분 동의할 것이다. 다만 한국 사회의 문제는 증가함수 모양이 너무 가파르다는 데 있다. 부모는 자녀 사교육비에 등골이 휘고, 아이는 장시간의 반복학습에 만성 수면 부족 상태가 되며, 그렇게 공부한 경험밖에 없어 스스로 생각하지 못하는 대학생을 가르치느라 교수들도 고생한다. 대학의 임무가 학생들에게 지식과 지혜를 전수하는 것이 아니라, 단지 학생들을 일렬로 세우는 것이라는 안타깝지만 사실에 가까운 주장이 있다.

'승자독식' 사회구조가 바뀌지 않는 한, 대학 입시를 어떻게 개선해도 〈그림2〉의 가로축만 바뀔 뿐 크게 달라질 것은 없다. 지역균형 선발제도를 시행하니 강남의 부유한 학부모는 컨설팅을 받아 아이를 지방 중학교로 전학 보낸다. 학생의 교과 외 경험도 평가지표로 사용한다고 하니 자녀를 아프리카로 봉사활동 보낸다.

모든 대학을 평준화하면 문제가 해결될까. 이렇게 되면 오로지 더 좋은 대학원에 가기 위한 준비 단계로 끔찍한 대학 4년을 보내거나, 아니면 소위 스펙을 쌓고 학점을 잘 받으려고 지금보다 더 엄청난 고통을 겪을 것이다. 한국의 교육 문제는 교육만의 문제가 아니다. 사회의 분배구조 문제와 밀접하게 관련돼 있어 양자를 분리해서 해결할 수 없다.

〈그림1〉과 〈그림2〉는 항상 짝으로 묶인다. 자녀 교육비를 충분히 지출할 수 있는 경제력을 가진 부모의 아이만 입시에서 성공하고, 또 그

학생이 졸업 후에도 경제적으로 성공한다는 것이 일반인의 믿음이다. 대물림된 성공은 곧 부의 대물림이 되며, 이는 또 그 자식의 자식의 성공으로 이어진다는 것이다. 한국 사회가 이러한 '한 줄로 세우고 앞사람에게 몽땅 몰아주기' 같은 분배 방식을 바꾸지 않는 한, 입시 제도를 어떻게 바꿔도 개천에서 날 수도 있을 그 많은 아름다운 용들은 계속해서 개천으로 아니면 하수구로 돌아갈 것이다. 그 용들의 아이들도 그리고 그 아이들도.

6

개미는 알고 정치인은 모르는 비밀

'집단지성'은 대체로 옳다

이따금 대중 강연을 다닌다. 강연장에서 할 수 있는 간단한 실험이 있는데, 내 몸무게가 얼마나 될지 청중에게 맞혀보라고 하는 것이다. 다른 사람과 의논하지 말고 각자 어림한 수치를 적어내라고 한 뒤 결과를 모두 모아 평균을 구하면 실제 몸무게와 놀라울 정도로 비슷하게 나온다.

내 경험으로는 열 명 정도만 해도 상당히 정확한 예측치가 나온다. 사실 청중 가운데 어느 누구도 몸무게를 정확히 맞히지 못할 수도 있다. 그런데 적어낸 몸무게 예상치를 모아 평균을 내면 내 실제 몸무게와 상당히 비슷한 결과가 나오는 것이다. 왜 이런 일이 생길까.

비슷한 사례는 또 있다. TV 퀴즈프로그램을 보면, 도전자가 답을 모를 경우 "찬스"를 외치고 촬영장에 있는 청중에게 의견을 물어 다수 의견에 따라 답을 고른다. 분석에 따르면, 이처럼 단순히 다수결에 따라 답을 고를 때 해당 분야 전문가 한 명에게 답을 묻는 것보다 정답을 맞히는 비율이 훨씬 더 높다. 놀랍지 않은가. 전문가에게 물어보는 것보다 평범한 일반인 다수에게 물어보는 것이 더 정확하다니 말이다. 집단적으로 만들어내는 의견은 옳을 때가 많다는 것을 '집단지성'이라고 하며, 이 이야기를 하려고 한다.

집단지성을 이용하는 사례는 우리 주변에 아주 많다. 대표적인 예가 투표다. 다음 대통령으로 누가 좋을지 소수의 정치학과 교수에게 물어보지 않고, 정치를 잘 모르는 수많은 사람에게 물어보는 것이다. 모든 민주주의 국가에서 행하는 보통선거는 이처럼 집단지성에 근거를 둔다. 한국에서 현재 시행하는 국민참여재판이나 미국의 배심원제도 역시 마찬가지다. 법률 분야 최고 전문가라고 할 판사 한 사람이 피고인의 유무죄를 결정하는 것보다, 다양한 배경을 가진 여러 일반인의 집단적인 결정이 더 옳을 수 있다는 것이 이 제도의 취지다.

집단지성을 제대로 발휘하는 데 필요한 조건이 있다. 집단에 참여하는 사람의 배경이 다양해 서로 다른 이유로 각자 결정을 내리되, 다른 이의 눈치를 너무 많이 보면 안 된다는 것이다. 비슷한 사람만 모아서 물어보는 것은 그중 한 사람에게만 묻는 것과 다를 바 없고, 다른 이의 눈치를 많이 보게 되면 목소리 큰 사람의 편향된 의견으로 집단 전체의 의견이 몰릴 위험이 있기 때문이다.

주식시장에서 거래되는 개별 회사의 주가는 어떻게 결정될까. 고전경제학에서는 한 회사의 주가를 그 회사가 미래에 거둘 수익을 현재 가치로 환산해 더한 값이라고 이야기한다. 문제는 당장 내년도 아니고, 내후년 혹은 10년 뒤, 심지어 50년 뒤 회사가 얻을 수익을 그 누가 알겠느냐는 것이다. 고전경제학에서 말하는 주가의 정의는 그럴듯해 보이지만, 어느 누구도 그처럼 주가를 계산할 수는 없다. 개개인은 한 회사 주식의 정당한 가격을 알 수 없다는 뜻이다.

그럼 어떻게 해야 한 회사의 미래 성장 가능성까지 모두 반영한 현재 가치를 알 수 있을까. 이런 계산을 가능하게 하는 것이 주식시장이다. 주식시장에 참여하는 많은 사람은 스스로의 판단에 근거해 한 회사의 현재 가치를 어림한다. 마치 강연에서 내 몸무게를 짐작한 청중처럼 말이다. 적정 가격이라고 짐작한 주가가 현재 주식시장에서 거래되는 주가보다 높으면 지금 그 회사 주식을 사는 것이 좋다. 거꾸로 자신이 짐작한 주가가 현재 주가보다 낮으면 앞으로는 주가가 떨어질 것이라고 예측할 수 있으므로, 당장 그 회사 주식을 매도하려 할 것이다.

이처럼 한 회사의 적정 가치를 많은 사람이 제 나름대로 판단해 매수와 매도를 하게 하면 그 회사의 현재 주가는 많은 사람의 예측 주가의 평균값으로 수렴하게 된다. 앞서 설명한 집단지성을 생각하면 바로 그 평균값이 회사 주식의 참 가격일 개연성이 높다. 이런 이유로 혹자는 주식시장을 "회사 가치를 계산하는 계산기"라고 한다. 집단지성을 이용해 말이다.

미래를 예측하고 싶은가. 그렇다면 대중이 이 예측을 합리적으로 거래하는 시장을 만들어보라. 이러한 예측 시장은 현재도 여럿 있다. 대표적인 것이 미국의 '대통령 후보 거래 시장'이다. 이 예측 시장에서는 대통령 후보의 당선 가능성이 일종의 주식처럼 거래된다. A후보가 당선하리라 확신하는 사람은 A의 주식을 사고, A가 당선하리라 믿다가 마음을 바꾼 사람은 그 주식을 판다. 각 후보의 주가는 시간이 지나면서 꾸준히 변동한다. 역대 미국 대통령 선거의 예측 시장들을 보면, 각 후보의 '주가' 움직임만으로도 누가 대통령이 될 개연성이 높은지 선거 한참 전에 미리 알 수 있었다. 비교하자면 한국 대선에서는 각 후보 테마주의 주가 움직임이 후보의 당선 가능성을 반영했다고 할 수 있다.

◈

사람만 이처럼 집단지성을 발휘하는 것은 아니다. 많은 동물도 집단적인 의사결정을 통해 훌륭한 해결책을 찾는다. 대표적인 예가 개미의 길 찾기다. 굴에서 나온 개미들은 시간이 지나면 먹이가 있는 장소에 도달하고 그 먹이를 부지런히 집으로 나른다. 많은 개미가 한 줄로 이동하는 모습을 흔히 볼 수 있는데, 이때 개미가 만드는 길이 먹이와 집 사이를 잇는 상당히 효율적인 길이라는 연구 결과가 있다. 출발점과 도착점을 잇는 무한히 많은 경로 가운데 이동 시간이 가장 짧은 길이라는 뜻이다. 지표면이 거칠어 개미가 천천히 갈 수밖에 없는 영역과 개미가 빨리 움직일 수 있는 영역이 나란히 있다면, 표면이 거친 부분의 이동 거리는 줄이고 표면이 매끄러워 빨리 갈 수 있는 부분의 이동 거리는 늘리는 편이 좋을 것이다. 실제 개미의 이동 경로가 바로 그렇다(〈그림1〉 참조). 이처럼 개미도 집단지성을 바탕으로 아주 효율적인 집단 이동 경로를 만들어낸다.

물리학에서는 이러한 '최소 시간의 원리'를 '페르마의 법칙'이라고 부른다. 빛이 공기 중에서 물속으로 나아갈 때 꺾이는 이유도 '최소 시간의 원리'로 정확히 설명할 수 있다. 빛의 이러한 효율적인 진행에 참여하는 수많은 빛알(광자)이 지성을 가진 것은 아니다. 마찬가지로 개미 집단이 함께 효율적인 길을 찾았다고 해서 개미 한 마리 한 마리가 똑똑하다는 결론을 내릴 수는 없다. 이야기를 뒤집으면, 개별 개미는 똑똑하지 않고 또 경로를 효율적으로 만들려는 의지조차 없다고 해도 전체 개미 집단은 똑똑한 행동을 보여줄 수 있다는 말이 된다.

대체 개미 집단은 어떻게 이처럼 효율적인 길을 찾아낼까. 개미가 움직이는 모습을 잘 들여다보면 행동 규칙이 의외로 단순하다는 것을 알 수 있다. 먼저 다른 친구 개미가 앞서간 흔적이 있으면 보통 그 흔적을 따라간다. 이 과정을 따라가기exploitation라 부르자. 하지만 개미가 이처럼 따라가기만 한다면 당연히 새로운 먹이를 찾을 수 없다.

이에 대한 흥미로운 사례가 아프리카 개미 집단에서 보고된 바 있다. 개미들이 수백 미터 길이의 큰 원모양 경로를 만들고는 모든 개미가 다 죽을 때까지 계속 그 원을 따라 행진한 것이다. 비슷하게 수많은

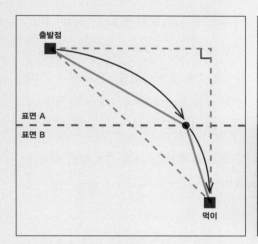

그림1 개미가 표면이 서로 다른 길 위를 이동할 때 표면의 성질을 고려해 직선이 아닌 꺾은선 모양으로 경로를 만들어내는 모습을 형상화한 그림. 개미는 집단지성을 통해 문제를 해결한다.

애벌레가 꼬리에 꼬리를 물고 빙글빙글 돌다가 죽는 모습을 관찰한 곤충학자도 있다. 다름 아닌 파브르다.

이런 문제를 방지하려면 개별 개미는 다른 먹이의 가능성을 살펴보는 돌아다니기exploration도 해야 한다. 다시 또 한 번 가정해보자. 개미들이 돌아다니기만 한다면 어떤 일이 생길까. 우연히 좋은 먹잇감으로 향하는 길을 찾는다 해도, 다른 개미들이 따라가기를 하지 않으니 집단 전체에 큰 이득을 줄 수 없다. 개미가 효율적인 길을 만들려면 따라가기와 돌아다니기가 절묘하게 섞여 있어야 한다는 결론이 나온다.

개미의 길 찾기는 한국 사회에도 중요한 시사점을 준다. 만약 사회 구성원 대다수가 한 사람이 정한 길을 따라가기만 한다면 어떻게 될까. 그 길이 목표에 도달하는 최적의 길일 수 있다. 하지만 그 길이 수많은 개미가 무작정 따라 걷다 모두 죽게 되는 그런 길이라면 어쩌겠는가. 반대로 대다수가 돌아다니기만 한다면 또 어떻게 될까. 그럼 누군가 좋은 해결책을 찾아도 아무도 그 말을 듣지 않으려 할 것이다.

한국 사회에서 집단지성을 성공적으로 발현하려면 당연히 따라가기와 돌아다니기 둘 다가 필요하다. 우리도 당장이라도 지혜를 보탤 수 있다. 의견 나누기와 같은 상호작용이다. 따라가다가 이 길이 맞는지 다른 사람에게 물을 수 있고, 돌아다니다가도 좋은 길을 찾으면 따라오라 설득할 수 있으며, 서로 의견이 다르면 조율할 수도 있다. 정치인들이 많이 보여주는 '내 길이 옳으니 무조건 따르라'는 개미도 하지 않는다.

7

리트윗의 진원지는 어디일까
SNS의 영향력, 연결 중심성으로 판단하라

한국 성인 남성 모두의 키를 측정해 170cm인 사람 몇 명, 171cm인 사람 몇 명 하는 식으로 수를 세어보자. 이후 가로축에는 키를, 세로축에는 키가 그 값인 사람이 전체의 몇 %인지 표시하는 막대그래프를 그린다. 그래프를 보면 평균 키 부근이 가장 높고, 봉긋한 봉우리에서 양쪽으로 멀어질수록 그래프 길이가 빠르게 짧아지는 것을 알 수 있다 (〈그림1〉 참조).

이처럼 막대그래프가 종鐘 모양을 보이는 경우가 우리 주위에는 참많다. 진지한 과학자들은 결론을 명확하게 내리기 위해 똑같은 실험을 지루하게 반복하는 경우가 많은데, 매번 측정되는 값을 모아 막대그래프를 그려도 측정값이 〈그림1〉과 마찬가지로 종 모양이 된다. 난이도 조절이 잘된 대학수학능력시험의 점수 분포도 종 모양이다.

종 모양이 되는 막대그래프를 통계학에서는 정규normal확률분포라고 부른다. 웬만큼 평범한normal 통계량은 이런 종 모양 막대그래프로 그려진다. 〈그림1〉 자료를 이용해 계산하면 한국 성인 남성의 키 평균값은 약 173cm다. 평균보다 키가 2배 큰 사람은 물론이고 평균 키의 1.5배인 260cm인 사람은 단 한 명도 없다. 만약 키가 2.2m(평균 키의 1.3배 정도)인 사람을 봤다면 자신 있게 "한국에 겨우 몇 명밖에 없는, 정말 진짜 대단히 아주 키가 큰 사람을 봤다"라고 이야기해도 된다.

월급쟁이의 월급 통장은 유리마냥 투명하다. 한국인의 연소득을 막대그래프로 그리면 어떤 모양이 될까. 직장인 평균 연봉은 3000만 원이 조금 안 된다. 만약 연소득 막대그래프가 〈그림1〉 같은 종 모양이라면, 키가 평균 키의 2배인 사람이 없는 것과 마찬가지로 연봉이 평균 값 3000만 원의 2배인 6000만 원인 사람은 한 명도 없어야 한다. 또한 평균 연봉의 1.3배인 4000만 원을 받는 사람을 보면 자신 있게 "한국에 겨우 몇 명밖에 없는, 수입이 정말 진짜 대단히 아주 많은 사람을 봤다"라고 이야기할 수 있어야 한다.

하지만 연봉 1억 원 넘는 사람이 수두룩한 것을 보면 현실은 그렇지 않다. 아니나 다를까, 한 신문 기사에 딸려 있는 자료를 이용해 그려본 한국 직장인의 연소득 막대그래프(〈그림2〉) 모양은 키 막대그래프와 많이 다르다. 딱 봐도 종 모양이 아니다.

이 자료를 바탕으로 계산한 직장인 평균 연소득은 2600만 원 정도다. 그런데 연봉 6억 원이 넘는 사람도 1만 명당 1.6명 정도 있으니, 키

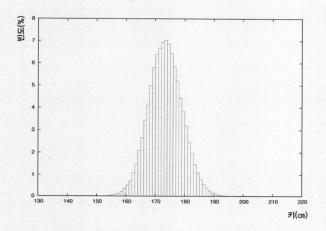

그림1 징병 신체검사 자료로 그린 한국 성인 남자 키의 막대그래프. 세로축은 빈도를 퍼센트로 표시한 것이다. 평균값인 173㎝를 중심으로 키가 큰 쪽이든 작은 쪽이든 급격하게 막대그래프의 높이가 낮아진다.

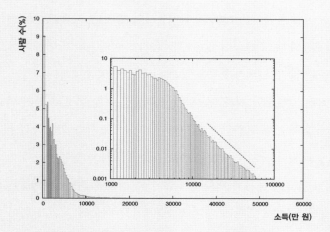

그림2 한국 사람들의 연소득의 막대그래프. 연소득이 6억 원인 사람도 있는데 그 수가 워낙 작아서 큰 그림에서는 잘 보이지 않는다. 연소득의 막대그래프는 안에 있는 그래프처럼 가로축, 세로축 모두 한 눈금이 열 배 차이가 나도록(즉 로그 스케일로) 그리는 것이 정보를 보다 명확히 보여준다. 이렇게 그려서 오른쪽 꼬리 부분이 직선처럼 보이면 바로 확률분포에 잣대가 없다는 증거이다.

로 따지면 웬만한 아파트 높이인 40m 정도 되는 사람이 있는 것과 마찬가지다. 아주 예외적인 경우이지만 세계에서 가장 돈을 많이 버는 사람의 연소득을 키로 바꿔 말하면 에베레스트 산보다 더 큰 경우에 해당한다. 키가 보통 사람의 2배가 되는 사람은 지구 위에 단 한 명도 없지만, 소득이 일반인의 1000배인 사람은 있다. 한 기업 회장의 구치소 노역 일당이 보통 사람의 1만 배에 해당하는 5억 원이라는 신문 기사도 있었다. 키와 소득의 막대그래프 모양은 이처럼 많이 다르다.

소득 분포를 그린 막대그래프 모양에 대해 과학자들은 "척도가 없다"라고 말한다. 여기서 '척도'는 사물을 잴 때 사용하는 '잣대'라는 뜻으로, 소피스트 철학자 프로타고라스가 "인간은 만물의 척도"라고 했을 때의 바로 그 '척도'다. 사람의 소득처럼 잣대가 없는 막대그래프에서는 100만 원이든 1000만 원이든 1억 원이든, 그래프 위의 소득을 하나 고른다 해도 그것이 많은지 적은지를 이야기하기 힘들다. 그보다 얼마든지 많거나 적은 소득을 갖는 사람이 있으니 말이다.

솔직히 말하자면 원래 '잣대 없는 확률분포'는 이보다 훨씬 더 정교하게 수학적으로 정의되는 개념이다. 확률분포함수 가로축의 잣대를 바꿔 늘리거나 줄여도 확률분포함수 꼴이 변하지 않는다는 것이 정확한 의미다. 친구들과의 대화에서 좀 아는 척을 하려면 "사람들의 소득 확률분포는 잣대 변환에 대해 불변不變이기 때문에 잣대가 없다"라고 말하면 된다.

사실 우리 주위에는 잣대 없는 막대그래프 모양을 갖는 것이 참 많다. 소득 분포는 물론, 기업 하나하나의 매출액 분포, 인터넷 홈페이지 방문자 수 등도 잣대가 없다. 후보가 난립하는 선거에서 각 후보자 득표수도 잣대가 없고, 과학자 개개인이 출판한 논문 수도 잣대가 없으며, 논문이 다른 논문에서 인용되는 횟수도 잣대가 없다. 각 도시에 몇 명이 사는지, 장편 소설 한 편에 각 단어가 몇 번씩 나오는지 등도 잣대가 없다. '80대 20 법칙'(127쪽 참조)을 정확히 만족시키는 막대그래프 모양도 잣대 없는 확률분포의 한 예다.

◈

한국 사회에서 한 사람이 영향을 미칠 수 있는 사람 수를 세어봐도 마찬가지여서, 사람을 서로 이어주는 대부분의 사회 연결망 구조도 잣대가 없다. 이 말은 상당히 중요한 의미를 갖는다. 잣대 없는 사회 연결망에는 친구가 엄청 많은 사람이 있을 개연성이 상당히 높다. 보통 사람보다 돈을 1000배 더 버는 부자가 존재하는 것과 마찬가지다. 이처럼 친구가 많은 이른바 '마당발'은 사회 전체에 미치는 영향이 클 수 있다. 드라마 〈별에서 온 그대〉에서 주인공 천송이가 입고 나온 옷이 불티나게 팔리는 것도 천송이가 수많은 시청자에게 영향을 미칠 수 있는 일종의 마당발이기 때문이다.

중요한 것은 천송이의 영향력이 '별그대'에 푹 빠졌던 내 아내와 아이들을 통해, 아쉽지만 '별그대'를 한 번도 보지 못한 나에게도 미쳤다는 사실이다. 아직 '별그대'에 대해 듣지 못했던 사람이라면 이 글을 통해 또 나로부터 영향을 받을 수 있다.

정보가 마당발인 친구, 그 친구의 친구들과 같은 식으로 몇 단계 만에 수많은 사람에게 파급되는 '연결망 효과'의 힘은 정말 크다. 다양한 기업이 이를 이용해 마케팅을 한다. 2012년 대통령 선거 당시 발생한 국가정보원 인터넷 댓글 사건도 이런 연결망 효과를 이용해 여론을 움직여 보려고 한 시도였다. 국정원 직원들은 한 아이디로 올린 글을 다른 아이디로 인용하고, 그것을 또 다른 아이디로 다른 곳에 퍼 나르는 일을 반복하면서 마치 그 내용이 사실이며 많은 사람으로부터 관심을 받는 것처럼 호도했다. 특정 뉴스가 실시간 뉴스 검색 상위에 오르면, 뉴스 내용에 우선해 상위에 올랐다는 바로 그 이유 때문에 더 많은 사람이 그 뉴스를 보게 되고, 베스트셀러 차트에 오른 책은 바로 그 이유로 더 많이 팔리는 효과를 노린 것이다. 국민 세금으로 월급을 받는 이들이 열심히 퍼 나른 이런 글이 마당발에게 전해지고, 마당발이 그 내용을 중요하고 진실된 것으로 오인해 다시 퍼뜨리게 되면 파급 효과는 엄청날 수 있다.

◆

잣대 없는 연결망 가운데 또 하나 흥미로운 것은 사람들의 성관계 연결망이다. 스웨덴에서 발표한 논문에 실린 내용이다. 이 연결망에서 조사 대상 대부분은 지금까지 성관계를 맺은 상대가 한두 명뿐이다. 하지만 1000명의 상대와 성관계를 맺은 '카사노바' 남성이나 상대가 100명에 이르는 여성도 아주 극소수지만 있다. 이처럼 사람들의 성관

그림3 잣대 없는 연결망의 대표 사례인 인터넷 구조. 밝은색으로 표시한 것이 연결선이 많은 중요한 연결망 노드다. 노드는 대부분 연결선이 한두 개에 불과하지만, 엄청나게 많은 연결선을 가진 노드도 존재하는 것을 확인할 수 있다.

계 연결망이 잣대가 없다는 것은 성관계로 전염되는 질병의 효율적인 예방책을 마련하는 데도 아주 중요하다. 성병을 효과적으로 예방할 수 있는 약이 있고, 이를 사람들에게 배포하는 상황을 생각해보자. 보건복지부 공무원이 서울역 앞을 지나다니는 사람에게 마구잡이로 약을 나눠줘봐야 소용이 없다. 그 약을 받아가는 사람 대부분은 어차피 부부관계만 충실히 갖는 사람일 것이기 때문이다.

그럼 어떻게 해야 할까. TV 광고를 통해 성관계를 맺고 있는 상대방 수가 100명이 넘는 사람은 내일 아침 9시까지 서울역 앞에 모이라고 할까. 그래봤자 누가 거기 가겠는가. 예방약을 효율적으로 나눠주는 정말 단순하지만 좋은 방법이 하나 있다. 먼저 앞에서 이야기한 것처럼 서울역 앞을 지나다니는 사람에게 예방약을 나눠주자. 단, 단서를 하나 붙이는 것이다.

"죄송하지만 직접 그 약을 사용하지 마시고 성관계를 맺는 상대방에게 드리세요."

이 방법이 효과적인 이유가 있다. 카사노바는 극소수라 서울역 앞에서 직접 그 약을 받아갈 확률이 낮다. 하지만 카사노바와 성관계를 맺는 상대방은 워낙 많으니, 그 많은 상대방 중 하나가 서울역 앞에서 그 약을 받아갈 확률은 상당히 높다. 마구잡이로 나눠줘도 그렇게 받아간 약이 그날 밤 카사노바에게 전달될 개연성이 아주 높다는 말이다.

정하웅 카이스트 물리학과 교수는 생물체 세포 내 대사작용에 관여하는 구성성분도 이처럼 잣대 없는 연결망을 만든다는 논문을 발표했다. 대사작용의 생화학적 내용에 대해 배운 바 없고 심지어 대사에 관여하는 생화학적 물질들의 영어 이름을 어떻게 읽어야 하는지도 모르는 물리학자라도, 연결망이라는 개념틀을 이용하면 중요한 생물학 연구 성과를 거두는 데 기여할 수 있다는 것으로 나에게 강한 인상을 준 논문이다(개인적으로 정 교수와 친해서 하는 말이다. 그나 나나 생물학 지식은 도토리 키 재기다).

정 교수는 앞선 논문에서 연결망 구조만 잘 살펴봐도 대사작용에서 가장 중요한 구실을 하는, 즉 '마당발' 단백질을 찾아낼 수 있다는 것을 보여줬다. 나도 한 연구를 통해 큰 연결망에서 어떤 사람을 찾으려면 친구 중 가장 친구가 많은 사람에게 물어보고, 또 그 사람의 친구 중 친구가 가장 많은 사람에게 물어보는 식으로 계속하는 것이 좋다는 결과를 낸 적이 있다. 이것 역시 잣대 없는 연결망을 이용한 것이다.

많은 연결망은 잣대가 없어서, 소수지만 엄청난 수의 친구를 가진 마당발이 분명히 존재한다. 연결망 구성원 가운데 나처럼 줏대 없는 대다수 사람은 친구가 하는 이야기에 큰 영향을 받는다. TV 광고에는 전혀 신경 쓰지 않은 사람도 친한 친구가 "써보니 좋더라" 한마디 하면 망설이지 않고 해당 제품을 사는 것을 보면 알 수 있다. 잣대 없는 연결망의 줏대 없는 구성원들이여, 이제 친구가 리트윗한 이야기도 쉽게 믿지 말길 바란다. 염치없는 국정원 직원이 퍼뜨린 소문일 수 있다. 아니면 트위터의 그 친구가 진짜 내 친구가 아닐지도 모른다. 내 친구의 개인 정보가 털려 엉뚱한 사람이 친구 행세를 하는 것인지도 모르니까. 그러고 보면 한국의 이런 온갖 종류의 황당한 현실도 도대체 비교할 잣대가 없기는 마찬가지다.

8

서울이 서울인 이유
끈끈한 네트워크 세상의 명암

가끔 하는 썰렁한 농담이다. 처음 방문한 유럽 도시에서 길을 잃으면 어떻게 할까? 답은 "일단 로마로 간다"다. 왜? 모든 길은 로마로 통하니까. 모든 길은 로마로 통하니 지금 길을 잃은 위치에서 당연히 로마로 갈 수 있다. 일단 로마에 도착하면 로마는 또 모든 다른 도시와 길로 통해 있으니 당연히 목적지가 어디든 로마에서 출발하면 어디라도 갈 수 있다. 유럽에서 길을 잃으면 경찰서 말고 로마로 찾아가자. 그런데 조금만 생각해보면 굳이 곧장 로마로만 갈 필요도 없다. 모든 길은 파리로도 통한다. 왜? 파리가 로마와 연결되어 있으니 한 도시에서 로마를 거쳐서 파리로 가든 파리를 거쳐 로마로 가든, 어디서 출발하더라도 모든 길은 파리로도 통하는 것이다. 사실 "모든 길은 로마로 통한다"라는 말은, 로마가 세계의 중심이라 오직 로마만이 다른 모든 곳과 연결되어 있다는 뜻이 아니다. 당시 서양 사람들이 생각한 세계의 모든 곳(지중해를 둘러싼 유럽, 아시아, 아프리카의 일부)이 비로소 로마의 도로로 연결되었다는, 로마제국에 의한 도시와 도시를 잇는 도로 네트워크의 완성을 의미한다.

두 도시가 연결되면 마술 같은 일이 생긴다. 한 도시의 생산물을 다른 도시와 교환할 수 있게 되면 연결되기 이전에 비해 두 도시의 생산 가능한 재화의 총합이 늘어난다. 너무 이상적인 상황이라 현실과는 많이 다를 수 있지만, 간단한 계산이면 원리를 이해하는 데 어려움이 없다. 첫 번째 도시는 자체의 생산력으로 하루의 절반 동안 빵 200개를, 나머지 절반의 시간에는 버터 100개를 만들 수 있다고 하자. 두 번째 도시는 반나절에 빵 100개, 나머지 반나절에 버터 200개를 만들 수 있다고 하자. 두 도시가 연결되어 물품을 교환할 수 있게 되면, 하루 종일 일해서 첫 번째 도시는 빵만 400개, 두 번째 도시는 버터만 400개를 생산할 수 있다. 이를 서로 교환하면 각 도시의 사람들은 사이좋게 200개의 빵에 200개의 버터를 발라 먹을 수 있다. 교환 이전 두 도시의 전체 생산량인 빵 300개, 버터 300개보다 늘어난 생산량이다. 도시의 연결은 하나 더하기 하나를 둘보다 더 크게 만든다.

전체가 부분의 합보다 더 커지는 것은 도시만이 아니다. 사람도 그렇다. 1만 명의 사람이 협력해 한 번에 옮길 수 있는 바위 덩어리를 혼자서 1만 번에 옮길 수 있는 크기와 비교해 보라. 이집트 피라미드나 한반도 북방계 고인돌이나, 커다란 바위로 이루어진 고대 인공 구조물은 당연히 여러 사람의 조직된 협력이 있었기에 가능한 일이었다. 우공이산愚公移山 이야기에 나오는 우공처럼 산은 자손대대가 조금씩 바위를 깨고 흙을 퍼서 옮길 수 있을지 몰라도, 혼자서는 피라미드는 고사하고 고인돌조차 세우지 못한다. 협력하는 두 사람이 할 수 있는 일은 흩어진 둘이 따로 따로 하는 일의 합보다 크게 마련이다. 이처럼 두 사람의 협력도, 하나 더하기 하나를 둘보다 크게 만든다. 사람 사이의 협력을 가능하게 하려면 당연히 의사소통, 즉 정보의 교환이 필요하다. 바벨탑 이야기에서 탑을 점점 더 높게 쌓는 인간들 사이의 협력을 방해하려고 '말을 섞어 서로 알아듣지 못하게' 한 것은 정말이지 신의 한 수였다. 인간들이 뭉쳐 하나의 언어로 협력하게 되면, '인간들이 앞으로 하려고만 하면 못할 일이 없겠구나' 하고 생각했을 텐데, 미연에 그것을 방지한 것이다(그것이 왜 신에게 문제가 되는지 내가 이해할 수는 없지만). 서로 돕고 협력한 사람들이 인류의 역사를 통해 거둔 놀라운 성과(좋든 나쁘든)는 눈부실 정도로 엄청나다.

　사람이든 상품이든, 구체적인 무언가가 물리적으로 이동하는 도로, 해상 운송, 항공 네트워크뿐 아니다. 지금 인류는 온 세상 곳곳이 연결된 전 지구적인 규모의 정보 네트워크도 가지고 있다. 사실 로마제국의 도로 네트워크를 따라 움직인 것도 사람이나 물자만은 아니었다. 그 길을 따라 함께 전달된 제국 곳곳의 신속한 정보가 없었다면 로마제국이 그처럼 오래 유지되지는 못했을 것이다. 사람이든, 도시든, 정보든, 연결되는 모든 것들은 연결로 인해 연결되기 전보다 질적으로 다른 가치를 갖는다. "구슬이 서 말이어도 꿰어야 보배"이듯.

다시 또 "모든 길이 통한다는 로마" 이야기다. 로마제국이 완성한 도로 네트워크를 통해 크든 작든 당시의 도시들은 모조리 다른 도시들과 연결되었다. 그렇다고 해도 제국의 수도 로마가 다른 작은 도시들과 도토리 키 재기처럼 고만고만할 리는 없다. 생산력이든 인구 규모든 로마는 당시 다른 도시들에 비해서는 비교할 수 없을 만큼 발달한 도시였다. 로마든 다른 도시든 도시 하나하나를 똑같은 크기의 작은 동그라미로 그리고, 도시를 연결하는 도로는 또 똑같은 두께의 선으로 이어 그린다고 해보자. 이렇게 로마시대 도로 네트워크를 그려보면 로마는 다른 도시와 어떻게 달라 보일까. 이런 네트워크 그림에서 로마가 어떤 면에서 특별해 보일까.

연구그룹에서 나와 함께하고 있던 성균관대 조우성 군과 이대경 군이 한국의 고속버스 네트워크 그림을 그려주었다.(〈그림1〉 참조) 이 그림을 보면 한국에서도 모든 길은 서울로도, 순천으로도, 그리고 밀양으로도 통한다. 그런데 가만히 보면 서울은 뭐가 달라도 달라 보인다. 뭐라도 숫자로 재야 직성이 풀리는 물리학자들은 네트워크에서 노드(연결선에 의해 연결되는 대상들. 도로 네트워크나 고속버스 네트워크에서는 도시나 고속버스 터미널이 노드다) 하나하나가 얼마나 중요한지, 네트워크에서 노드 각각이 얼마나 중심적central인 위치에 있는지를 측정하는 여러 가지 '양'들을 가지고 있다. 그중 하나가, 한 노드가 몇 개의 연결선을 갖는 지를 재는 '연결 중심성degree centrality'이다. 그림의 고속

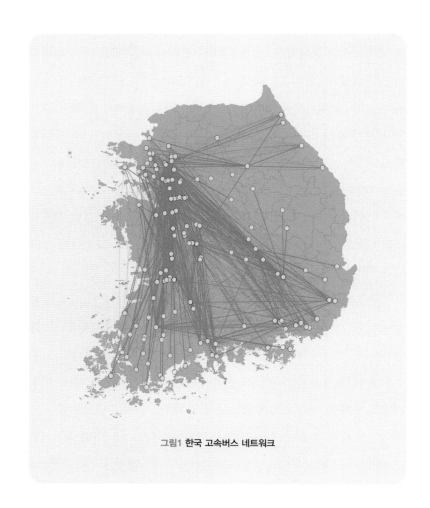

그림1 한국 고속버스 네트워크

버스 네트워크에서는 한 도시를 다른 도시들과 연결하는 버스 노선의 수가 바로 한 도시의 연결 중심성이다. 서로 친구인 사람들을 연결한 사람 네트워크에서는 각자가 가지고 있는 친구의 수가 바로 연결 중심성이다. 어렵게 들리지만 별것 아니다. 아는 사람이 많은 '마당발'이 바로 연결 중심성이 큰 사람이다.

다른 방식으로 재는 중심성centrality도 여럿 있다. 고속버스 네트워크의 임의의 한 도시에서 출발해 도시 A로 오려면 버스를 몇 번 갈아타야 하는지를 측정해 그 평균값이 작으면 A가 '근접 중심성closeness centrality'이 크다고 말한다. 한국의 도시 모두를 다른 도시 모두와 연결하는 고속버스 경로를 구해서 어떤 도시를 가장 많이 거쳐 가는지를 재는 '매개 중심성betweeness centrality'이라는 것도 있다. 도로망이든, 항공망이든, 사람들의 네트워크든, 주어진 네트워크에서 어떤 노드가 중심에 있는지를 아는 것은 사실 매우 중요하다. 고속버스 네트워크에서 가장 중요한 노드는 '연결 중심성'을 재든, '근접 중심성'을 재든, 또 '사이 중심성'을 재든 매한가지로 서울이다(마찬가지로 '모든 길은 로마로 통'하지만 그렇다고 로마가 다른 도시와 같지는 않다. 모든 길은 다른 도시가 아닌 바로 로마로 가장 '잘' 통한다). 서울이 중심성이 크다는 사실은 여러모로 중요하다. 예를 들어 서울의 '근접 중심성'이 크다는 말은, 많은 도시 중 서울로 갈 때 가장 적은 숫자의 고속버스를 갈아탄다는 뜻이다. 서울의 '매개 중심성'이 크다는 말은 한 지역에서 다른 지역으로 버스를 갈아타며 이동한다면 서울을 거쳐 가는 사람이 가장 많다는 뜻이다. "사람은 서울로, 말은 제주로 보내라"라는 말도 있지만,

굳이 가라고 등 떠밀지 않아도 이리저리 여행하다 보면 어차피 서울에 자주 가게 되어 있다.

◈

그런데 물자나 사람의 이동에서 중요한 역할을 하는 서울 같은 도로 네트워크 중심 도시는, 병원균의 전파에서도 중심 도시가 된다는 점에 주목해보자. 사람들의 통행량이 많은 경부선의 남북축을 따라 메르스 MERS가 초기에 전파되었다는 사실도 이를 통해 이해할 수 있다. 서울의 대형 병원에서 갑자기 감염자가 늘어난 것도 마찬가지다. 감염자들의 이동 네트워크에서 서울의 대형 병원이 앞에서 설명한 여러 의미에서 가장 '중심적'일 수밖에 없다. 외국에서는 지역 간 실제 통행량에 근거한 과학적인 전염병 확산 모형을 만들고 그 모형에 바탕해 다양한 방역 시나리오를 테스트하는 시도가 성공적으로 이루어지고 있다 한다.

응급환자 이송의 효율적인 네트워크는 사람 목숨을 구한다. 하지만 한편으로는 치료제 없는 병원균도 같은 네트워크를 통해 효율적으로 이동한다. 앞으로는 점점 더 모든 것들이 다른 모든 것들과 더 강하게 연결될 것이다. 이렇게 연결된 전체가 만들어낼 새로운 가치가, 마찬가지로 같은 연결이 만들어낼 위험과 어떻게 조화를 이루게 할지는 어려운 문제다. 그래도 희망은 있다. 앞으로 점점 더 연결되는 것은 사람들의 지성도 마찬가지일 터이기 때문이다. 독립적이고 자유롭게 그리고 이성적으로 판단하는 사람들도 점점 더 연결될 것이다. 서로 연결된 지성은 민주적인 논의와 협력을 통해 더 훌륭한 사회의 지성이 된다. 하나하나 예쁜 반짝이는 구슬도 여럿을 연결해 잘 꿰면 전체는 더 아름다운 보배가 되는 것처럼. 물론 어떤 실로 어떻게 꿰어야 더 아름다워지는지 알아내기가 쉽지는 않겠지만.

9

학교와 병원과 커피점의 사정
공공성과 경제 효율의 딜레마, 기회비용

경남 진주의료원 폐업을 둘러싼 논란이 불거진 적이 있다. 학생 수가 많지 않은 시골 초등학교 통폐합 문제는 끊이지 않고 거론된다. 이처럼 공공 이익을 위한 시설을 통폐합해 수를 줄여야 한다는 주장은 그 나름대로 논리를 갖는다. 공익 시설 운영 비용이 그로 인해 생기는 이익보다 크면 시설이 없는 것이 더 좋다는 이야기다. 이런 문제에 대해 물리학적으로 접근하면 어떤 이야기를 할 수 있을까.

면적이 같은 마을 A, B가 있다고 하자. A마을에는 100명이 살고, B마을에는 그 8배인 800명이 산다고 가정한다. 넓이가 같으므로 B마을의 인구밀도는 A마을의 8배가 된다. 단 한 사람의 예외도 없이 커피를 좋아해 누구나 하루에 한 잔씩 마신다고 하자. 여기서 질문. 두 마을에 커피전문점 45개를 낸다면 A, B마을에 각각 몇 개씩 내야 할까. 어렵지 않은 문제이니까 독자 모두 종이와 연필을 꺼내서 각자 답을 찾아보길.

답을 구했는가. A마을에 5개, B마을에 40개가 답이다. 커피전문점 45개를 두 마을에 이렇게 나눠 내는 것이 가장 좋은 이유는 어렵지 않게 이해할 수 있다. A, B마을 모두 커피전문점 1개당 고객 20명을 사이좋게 확보할 수 있기 때문이다. 이 상황에서 커피전문점 1개가 A마을에서 B마을로 옮겨가면 B마을의 커피전문점은 A마을 커피전문점보다 평균 고객수가 적게 되고, 반대로 B마을에서 A마을로 커피전문점이 1개 옮겨가면 거꾸로 A마을의 커피전문점이 B마을보다 장사가 안 되게 된다.

커피전문점이 두 마을을 자유롭게 옮겨 다니는 것이 가능하다면 결국 5개와 40개로 나뉘게 된다(이런 상황을 물리학에서는 평형 상태, 경제학에서는 내시 균형이라 부른다). 커피전문점들은 이 상황에서 다른 마을의 커피전문점을 부러워할 필요 없이 평화롭게 장사를 한다.

커피를 마시러 가는 고객에게는 어떨까. 앞에서 두 마을의 넓이가 같다고 했는데 계산 편의상 두 마을 모두 넓이가 40km²이라 하자. 먼저 B마을에는 커피전문점 40개가 있으므로, 한 커피전문점 주변 1km² 안에 사는 사람이 고객이 된다. 어림잡아 말하면 커피를 마시러 오는 고객은 1km²의 제곱근인 1km 정도를 걸어야 가장 가까운 커피전문점에 갈 수 있다. 2차원에서 거리는 넓이의 제곱근에 비례하니까 말이다. 한편 A마을 사람은 40km²/5 =8km²의 제곱근인 약 3km를 터벅터벅 걸어와야 한다.

이때 A마을 사람은 불만이 생긴다. 이익이 중요한 커피전문점 경영자 처지에선 고객이 얼마나 먼 거리를 걸어와 커피 한 잔을 마시는지는 전혀 중요하지 않다. 이 경영자를 탓할 수는 없다. 커피전문점이 자선단체는 아니지 않은가. 10리 길을 걸어왔든, 커피전문점 바로 옆 미장원에서 왔든 커피전문점 경영자에게는 한 잔의 커피 매출이 정확히 같은 가치를 갖는다.

앞의 간단한 사고실험(독일어로 Gedankenexperiment, 영어로는 Thought experiment로, 아인슈타인이 유명한 상대성이론을 창안했을 때 이러한 접근법을 많이 사용했다)을 통해, 커피전문점이 행복한 상황과 그 가게에서 커피를 마시는 사람이 행복한 상황이 다를 수 있다는 것을 알 수 있다.

문제를 바꿔서 이제 커피가 아니라 마을 사람의 교육을 놓고 사고실험을 해보자. 여러분이 두 마을이 함께 속한 지역의(주민 20명당 평균 1개 학교를 지을 정도로 교육에 대한 열정이 과한 경우) 군수라면, 학교 45개를 각 마을에 어떻게 나눠 설치해야 할까. 현명한 군수라면 각 학교에 등교하는 학생의 통학거리 합을 각각의 학교에 대해 계산한 뒤 모든 학교가 같은 값을 갖도록 학교를 배치하려고 노력할 것이다.

A마을 학교 학생들의 통학거리 합이 B마을 학교보다 크다면, 당연히 B마을에 있는 학교 중 하나를 A마을로 옮기는 것이 좋고 그 반대도 마찬가지다. 최적의 배치는 A마을에 9개, B마을에 36개다. 이렇게 학교를 나눠 배치하면, A마을 학교 1개에 평균 100/9명의 학생이 평

균 $\sqrt{40/9}$km를 걸어오므로, 학교 1개당 학생의 통학거리 총합은 $(100/9) \times \sqrt{40/9}km=(100\sqrt{40})/(9\sqrt{9})$km가 된다.

한편 36개 학교가 있는 B마을의 학교 1개에 대해서도 마찬가지 계산을 하면 $(800/36) \times \sqrt{40/36}km=(100\sqrt{40})/(9\sqrt{9})$km가 돼 A마을의 학교와 같아진다(눈치챘는지. 이 두 마을 사람들은 커피를 좋아할 뿐 아니라 교육열도 엄청나서 한 명의 예외도 없이 모두 학교에 간다).

지금까지의 사고실험 결과를 종합해보자. 인구밀도가 8배 차이 나는 두 마을에 커피전문점 45개를 낼 때는 5개와 40개로 8배 차이가 나도록 나누는 것이 좋고, 학교라면 9개와 36개로 4배 차이가 나게 나눠 짓는 것이 좋다. 간단히 두 마을을 예로 들어 계산해봤지만 그 결과는 일반적으로 이야기해도 좋다. 즉, 이윤을 추구하는 커피전문점 같은 시설은 그 밀도를 인구밀도에 정비례하게, 학교 같은 공익 성격에 사람들의 이동거리를 생각해야 하는 시설은 밀도를 인구밀도의 3분의 2승에 비례하게 놓아야 한다는 것이다.(인구밀도가 8배 차이 나므로 8의 2/3승을 구하면 된다. $8^{2/3}=2^2=4$.)

이처럼 커피전문점과 학교의 경우가 달라지는 이유는 말 그대로 학교는 커피전문점이 아니기 때문이다. 정부 처지에서는 학교에 오는 학생이 얼마나 먼 거리에서 오는지가 당연히 중요한 고려사항이다. 헌법에도 명시됐듯이 모든 국민은 균등하게 교육받을 권리가 있다. 버스도 안 다니는 100km 떨어진 학교로 통학하라고 학생에게 강요해서도 안 되고, 학생의 부모로 하여금 어쩔 수 없이 학교 근처로 이사하게 간접적으로라도 유도해서도 안 된다. 왜? 학교는 커피전문점이 아니기 때문이다.

현실은 위에서 이야기한 두 시골 마을의 경우보다 훨씬 더 복잡하다. 그렇더라도 주어진 인구밀도의 분포에 맞춰 시설물 위치를 정하는 문제는 근사적이긴 하지만 정량적으로 해결 가능한 문제다. 앞의 두 시골 마을에서 생각해본 결과를 다음처럼 일반화하자. 즉, 시설물 밀도가 인구밀도의 a승에 비례한다고 하자. 앞에서 얻은 결론은 커피전문점처럼 이윤을 추구하는 시설이라면 $a=1$값이, 학교처럼 공익적 성격이 강해 사람들의 이동거리를 중요하게 고려해야 하는 시설이라면 $a=2/3$값이 시설물의 최적 분포 방식을 결정한다는 것이다.

〈표1〉은 내가 공동 연구자(엄재곤 박사, 손승우 교수, 정하웅 교수)들과 함께 통계청 등의 자료를 인터넷에서 내려받아 한국의 다양한 시설물에 대해 a값을 직접 구해본 것이다. 앞서 두 마을에 대해 생각해본 결과와 비슷하게 공익적 성격이 강한 시설은 상대적으로 작은 a값을, 사적인 이윤을 추구하는 시설물은 상대적으로 큰 a값을 갖는다(표에서 보듯 현재 대학은 이익을 추구하는 다른 시설과 비슷한 a값을 갖는다). 단순화한 모형으로부터 얻어진 앞의 결과가 실제 시설물의 분포를, 정확하지는 않지만 개략적으로는 설명할 수 있다는 것이다. 일반 병원은 이익을 추구하는 시설물의 경우에 예상되는 $a=1$ 정도의 값을 갖는 데 비해, 보건소는 0.1 정도의 아주 작은 값을 갖는다는 점도 흥미롭다. 거의 0에 가까울 정도의 작은 a값이 갖는 의미는 병원이 많은 서울 같은 대도시든 개인 병원이 거의 없는 시골 지역이든 보건소 밀도는 비슷하다는 것이다. 이로 미루어보아 보건소는 민간 병원의 의료혜택을 받기

시설물	a
은행	1.2
주차장	1.1
커피전문점	0.99
병원	0.96
대학교	0.93
경찰서	0.71
공공기관	0.70
초등학교	0.68
소방서	0.60
보건소	0.09

표1 시설물의 밀도는 인구밀도의 a승에 비례한다고 할 때, a의 값을 실제의 다양한 시설물들에 대해서 구한 표.

어려운 읍면 지역 사람에게 의료 서비스를 제공한다는 본연의 존재 이유에 충실하게 분포하고 있음을 알 수 있다.

〈그림1〉은 실제 위치를 구해 초등학교 1000개와 한 커피전문점 900개의 위치를 전국 지도 위에 그린 것이다. 그림에서 1개의 작은 다각형 안에는 시설물(학교 혹은 커피전문점)이 1개씩 있다. 두 그림을 비교해보면 실제로도 커피전문점과 학교 위치가 상당히 다름을 알 수 있다. 대도시에는 당연히 두 시설물 모두 수가 많지만 지방으로 갈수록 커피전문점 수가 아주 적어진다는 사실이 분명히 보인다.

〈그림2〉는 한국의 모든 초등학교, 그리고 한 커피전문점에 대해 시설물 밀도가 인구밀도와 어떤 관계가 있는지를 그림으로 그려본 것이다. 앞의 간단한 사고실험을 통해 얻은 결과와 흡사하게 커피전문점의 분포는 $a=1$, 그리고 초등학교의 분포는 $a=2/3$값에 상당히 가까이 나타난다.

학생 수가 적은데도 궁벽진 시골 초등학교를 유지해야 할까. 시골 학교의 통폐합을 선호하는 이들의 논리는 사실 상당히 합리적인 것처럼 보인다. 소중한 국민의 세금을 학생 수나 교사 수가 별 차이 없을 정도로 작은 시골 학교를 유지하는 데 사용하는 것은 어찌 보면 세금 낭비처럼 보일 수 있다.

만일 모든 초등학교 운영을 기업에 맡기면 어떤 일이 생길까. 이윤을 추구하는 기업에 학교 전체 운영을 맡기면 머지않은 시간에 학교 밀도가 인구밀도에 정비례하는, 즉 $a=1$ 상황에 도달할 것이다. 이렇게 되면 '학교기업'은 서울 같은 대도시에는 지금보다 더 많은 학교를 만

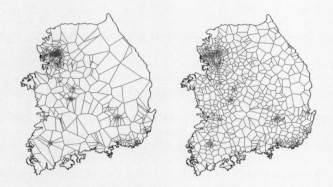

그림1 한국 한 커피전문점의 분포(왼쪽)와 한국 초등학교의 분포(오른쪽). 그림에
서 닫힌 다각형 하나하나에는 시설물이 하나씩 있다. 대도시를 제외한 지방에는
커피전문점은 많지 않은데 비해 학교는 균일하게 분포해 있다.

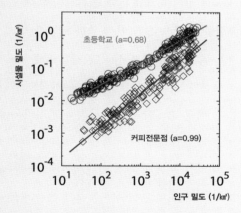

그림2 커피전문점의 밀도와 초등학교의 밀도. 초등학교의 밀도는 인구밀도의 약
2/3승에 비례함을, 그리고 커피전문점의 밀도는 인구밀도에 거의 정비례함을 보
여준다. 즉, 한국 초등학교의 분포는 학생들의 이동거리를 고려한 공익적인 성격
을 갖는 반면, 당연한 얘기지만, 커피전문점의 위치는 고객의 이동거리와 관계없
는 분포 규칙을 따른다.

드는 반면(그렇게 하는 것이 이익을 증가시키니까) 시골 작은 마을의 학교는 없애게 된다(작은 시골에 스타벅스가 있는 것을 본 적이 있는가). 학생들이 얼마나 힘들게 오래 걸어서 학교에 오는지 '학교기업'은 관심이 없다.

그렇다면 학생들은 어떨까. 간단한 계산을 통해 확인해보니 이러한 상황(즉, a=1)이 되면 학생들의 통학거리는 a=2/3인 경우에 비해 평균 50% 증가한다. 모든 학생에 대해 구한 평균값이 이렇다는 말이지, 시골의 작은 마을 학생은 아버지가 운전하는 차를 타고 몇십 킬로미터를 가지 않는 한 학교에 갈 방도가 없을 수도 있다.

학생들이 50% 증가한 통학거리를 이동하느라(혹은 부모가 늘어난 학생의 통학거리 때문에 아이를 차로 태워 학교에 데려다주느라) 소모할 엄청난 시간의 총합을 생각해보라. 이 귀중한 시간은 미래 한국을 이끌어갈 학생의 공부 혹은 부모의 생산적인 경제 활동으로 이용될 수도 있었을 바로 그 시간의 낭비라는 측면에서, 국가적으로 엄청난 경제적 손실일 수도 있다. 이를 경제학에서는 사회적 기회비용이라는 용어로 표현한다.

학교의 통폐합이라는 문제를 개별 학교의 설치 및 운영비용을 넘어 사회적 기회비용까지 고려한 좀 더 큰 틀에서 생각하면, 시골 작은 학교의 통폐합은 통폐합에 찬성하는 사람이 이야기하는 바로 그 경제적 면에서 보더라도 바람직하지 않을 수 있다.

보건소나 학교는 커피전문점이 아니다. 이윤을 많이 내기 위해 운영하는 커피전문점처럼 보건소나 학교 위치를 선정한다면, 이는 다수 국민의 접근 편이성을 해치게 된다. 지금보다 엄청 늘어난 거리를 이동해야 학교 혹은 보건소에 갈 수 있게 되니까 말이다. 그리고 그 고생의 총합은 경제적 측면으로도 국가 전체로 보면 엄청난 손실이다.

그간 논쟁을 일으킨 KTX나 인천국제공항의 민영화, 그리고 진주의료원 폐업 같은 사회기반시설과 관련한 문제도 단지 그 시설 하나하나의 이익구조라는 면만 생각해 결정하는 것은 심각한 문제가 있다. 커피야 안 마시고 참으면 된다. 다만, 미래를 짊어질 어린 학생들에 대한 교육을 등한시하고, 아파서 병원에 가야 하는데 멀다고 참아야만 할까.

10

장사 한두 번 하고 말 게 아니라서
아이스크림을 건 진검승부 '죄수의 딜레마'

날이 더워 가게에서 아이스크림을 하나 샀다. 입안에서 사르르 녹는 달콤하고 시원한 아이스크림이 역시 여름에는 최고다. 예전에 비하면 값이 올랐지만 지불한 돈이 전혀 아깝지 않다. 내가 1000원을 내고 어떤 상품을 구입하는 이유는 그 상품이 최소한 1000원보다는 더 큰 가치를 돌려줄 것으로 믿기 때문이다. 좀 놀랍기는 하다. 가게 주인 입장에서는 내 돈 1000원에 대해, 1000원에 비해 턱없이 낮은 가치를 갖는 상품을 파는 것이 더 유리하다. 포장만 그럴듯하게 한 맹물을 얼린 얼음을 내게 주지 않고, 정말로 제대로 1000원의 값어치를 하는 아이스크림을 왜 내게 줄까. 사실 우리 모두는 답을 안다. '장사 한두 번 하고 말 게 아니기 때문'이다.

주위를 둘러보면 이런 놀라운 일들이 우리 곁에서 늘 벌어지고 있다. 서로 악착같이 등쳐 먹을 수 있는 상황에서도 우리 대부분은 속이지 않는다. 온라인으로 상품을 구매하고 돈을 지불하는 것도 마찬가지다. 생면부지의 누군가가 팔고 있는 온라인 쇼핑몰의 상품도 우린 믿고 구입한다. 우리 대부분은 대부분의 경우에 남을 속이지 않는다. 우린 왜 착하게 굴까.

생각해보면 항상 그런 것은 아니다. 어느 날 운전을 하고 있었다. 신호대기로 멈춘 내 차 옆에 트럭 한 대가 서더니, 자기가 유명 백화점에 납품하는 사람이라며 말을 잇는다. 마침 물건이 딱 하나 남았으니 싼값에 준다고 한다. 이게 웬 떡이냐, 좋은 기회가 생겼다고 생각한 나는 덥석 물건을 구입하고 집에 들어와 "잘했군 잘했어" 칭찬을 잔뜩 기대하며 자랑스럽게 아내 앞에서 포장을 펼쳤다. 그리고 저녁 내내 이어진, 사람이 어찌 그리 순진하게 잘 속냐는 아내의 핀잔. (이 물건이 '딱 하나'밖에 남지 않았으니 살지 말지 '지금' 결정을 내리라고 할 때는 조심해야 한다는 것이 그날의 교훈. 사실 물건을 파는 사람이 자주 사용하는 효율적인 전략이다. 중고차를 고르거나 살 집을 구할 때, 그리고 케이블TV의 쇼핑 채널에서 자주 볼 수 있다.) 물론 반대의 경우도 있다. 돈을 지불하는 쪽에서 속이기도 한다. 술 마신 후 택시를 타고 집에 도착한 사람이 택시 안에서 택시비가 부족하다는 것을 알게 되었다. 그 사람은 주머니에 잔뜩 있는 동전을 한 움큼 쥐어서 기사님께 드리고는 기사님이 동전을 세는 동안 유유히 걸어서 도망갔다는 이야기를 들은 적이 있다.

지금부터 할 이야기는 서로 속이는 것이 각자에게는 더 이익이 되는 상황에서도 사람들이 서로 협조하게 되는 이유가 과연 무엇인지에 대한 것이다. 이런 연구를 하는 분야가 '게임이론'이다. 물리학자가 왜 뜬금없이 이런 이야기를 할까 궁금한 분도 많겠지만, 게임이론은, 컴퓨터과학, 정치학, 경제학, 수학, 진화생물학, 그리고 통계물리학 등 다양한 분야에서 연구되고 있는 주제다. 게임이론의 '게임'이 많은 사람들이 즐기는 컴퓨터나 스마트폰으로 하는 게임과 정확히 같은 것은 아니지만 비슷한 면이 있다. 게임이론의 게임이든 컴퓨터 게임이든, 내가 내 선택의 대가로 얻는 이익이 상대방(사람이든 컴퓨터든)의 선택에도 의존한다는 것이 공통된 특징이다.

이렇게 보면 우리가 접하는 많은 상황들을 게임이라는 틀로 분석할 수 있다. 바둑도 게임이고, 온라인 게임도 게임이고, 포커도 게임이고, 사자와 얼룩말의 잡고 잡히는 추격전도 게임이다. 애플과 삼성의 신제품 출시 시점의 결정, 그리고 한 지역의 백화점들이 세일을 언제 시작할지 결정하는 것도 게임이고, 두 나라 사이의 군비경쟁도, 그리고 국가 간의 전쟁도 게임이다. 상품을 사고파는 것도 게임이고, 월급을 주면서 누군가를 고용하는 것도 게임이다. 사실 결혼도 엄밀히 정의하자면 게임이다. 결혼해서 얻게 되는 내 행복의 양은 당연히 상대에 대한 나의 사랑뿐 아니라 나에 대한 상대의 사랑에도 의존하니까.

게임이론에서 가장 많은 관심을 끌고 있는 것 중 하나가 바로 '죄수의 딜레마'라 불리는 게임이다. 함께 범죄를 저지른 두 용의자(A, B)를 가지고 이 게임을 주로 설명하기에 붙여진 이름이다. 둘을 따로 따로 격리해놓고 검사가 A, B 각자에게 이야기한다. "만약 둘 모두 죄를 자백하면 각각 5년형을 받을 것이다. 만약 한 사람은 자백했는데 다른 사람이 끝까지 안 했다고 우기면, 자백한 사람은 집에 가고 안 했다고 우긴 사람만 10년형이다. 둘 모두 끝까지 안 했다고 우기면 증거가 부족하니 검찰로서는 별 수 없어 각자 1년형을 구형한다." 이런 제안을 당신이 받았다면 어떻게 해야 할까.

먼저 A의 입장. "내가 끝까지 안했다고 우기는데 만약 B가 자백해버리면 나만 손해야. B는 집에 가는데 난 10년을 감방에서 보내야 하니까. 반대로 만약 B가 끝까지 안 했다고 우겨주면 난 어떻게 해야 할까. 나도 B에게 의리를 지켜서 끝까지 안 했다고 버티면 나나 B나 함께 1년형인데, 내가 그냥 자백해버리면 난 집에 갈 수 있어. 에잇, B에게는 미안하지만 이 경우도 자백하는 것이 더 낫지." B가 자백하든 의리를 지켜 버티든, A의 입장에서는 자백해버리는 것이 더 좋다. A가 이렇게 생각하면 B도 마찬가지로 생각하니, 결국은 검찰이 원했던 결말, 즉 A와 B가 둘 모두 자백하는 상황에 이르게 된다. 둘 모두 5년형.

여기서 잠깐. 만약 A와 B가 끝까지 의리를 지켜 서로 협조했다면(사법당국에 협조하는 것이 아니라 범죄자끼리 서로 협조한다는 뜻임에 조심할 것) 1년형이라는 가벼운 형벌을 받는 상황이 가능한데도, 어떻게 A, B 둘 모두 이성적으로 판단하면 서로 배신해서 5년이라는 더 긴 시간을 감방에 있게 되는 걸까. 바로 이것이 이 게임의 이름에 '딜레마'라는 단어가 붙은 이유다. 사실 한국의 헌법에도 명시된 '무죄 추정의 원칙'에 따라 A, B가 유죄 확정 판결을 받기 전이니, '죄수의 딜레마'가 아니라 '용의자의 딜레마'라고 불리는 것이 맞다는 지적도 있다. 또, 참고로 미국과는 달리 한국의 형사소송법에서는 앞의 내용과 같이 용의자의 자백을 끌어내기 위해 검사가 구형량을 조정해주는 유죄협상제도(플리 바게닝plea bargaining)가 법으로 허락되어 있지는 않다.

어쨌든, 죄수의 딜레마로 부르든 용의자의 딜레마로 부르든 이 딜레마의 핵심은 "각자의 이익을 극대화하려는 이성적이고 논리적인 판단이 놀랍게도 높은 이익을 주지 못한다"라는 것이다. 독자를 더 헷갈리게 할지도 모른다는 위험을 무릅쓰고 말을 보태자면, 죄수의 딜레마 게임이 더 흥미로운 이유는 이처럼 이기적인 이익을 극대화해서 남을 등쳐 먹는 이성적인 판단이 당연한 논리적인 귀결인데도 세상에는 의외로 서로서로 돕고 협조하는 상황이 자주 발견된다는 것이다.

앞에서 설명한 1000원짜리 아이스크림을 놓고 벌이는 나와 가게 주인의 게임도 죄수의 딜레마 게임과 많이 다르지 않다. 나는 아이스크림만 받고 1000원을 내지 않고 도망가는 것이 낫고(이에 수반하는 체면의 상실은 계산에 넣지 말자) 가게 주인은 돈 1000원을 받고는 그냥 맹물 얼음을 주는 것이 더 낫지만, 대부분의 경우에는 서로 믿고 협조해 둘 모두 만족한 상황에 이르게 된다. 이처럼 협조가 가능하게 되는 이유는 내가 그 가게에 다시 또 갈 수 있기 때문이다. 한 번은 속아도 두 번은 속지 않으니, 만약 가게 주인이 맹물 얼음을 아이스크림이라고 속여 팔면 난 다시는 그 가게에 가지 않을 테고 그럼 결국 그 가게 주인의 손해다. 또, 내가 만약 오늘 아이스크림만 받고 도망갔다면 다시는 그 가게에 갈 수가 없다. 즉, 죄수의 딜레마 게임에서 협력의 상황이 자연스럽게 생기는 것이 바로 이처럼 게임의 양쪽 당사자가 앞으로도 계속 만나게 되는 경우다(이를 직접적 호혜성direct reciprocity이라고 부른다).

한 번 만나고 다시 볼일이 없다면 협력의 상황은 만들어지기 어렵다. 백화점 납품하는 물건이라고 나를 속인 트럭 아저씨나 택시 기사에게 택시비에 모자라는 잔돈을 잔뜩 주고는 내려버린 손님의 경우에도, 만약 앞으로도 계속 같은 상대를 만난다고 믿을 충분한 이유가 있다면 결코 그렇게 행동하지는 않았을 테니까(물론 상대를 다시 만났을 때 누군지 정확히 알아봐야 한다. 잠깐만 봐도 수많은 사람들의 얼굴을 우리가 하나하나 구별할 수 있는 놀라운 능력을 갖도록 진화한 이유도 게임이론의 틀로 설명하기도 한다).

얼굴 한 번 본 적 없는 익명의 판매자로부터 물건을 구입하는 온라인쇼핑의 경우는 그럼 어떻게 설명해야 할까. 온라인 쇼핑몰에는 워낙 상품을 판매하는 사람들이 많으니, 내가 오늘 물건을 구입한 같은 판매자로부터 다시 물건을 구입하게 될 가능성은 그리 높지 않다. 곧, 위에서 설명한 상황(직접적 호혜성)과는 좀 다르다. 그런데도 판매자가 상품을 제대로 보내주게 되는 이유는 대부분의 쇼핑몰에서 제공하는 판매자의 평판reputation 시스템이 있기 때문이다. 우리가 온라인에서 물건을 구입할 때는, 판매자가 과거에 상품을 얼마나 많이 팔았는지 그리고 구매자가 만족한 정도가 어느 정도인지를 보고 보통 구매 여부를 결정한다. 과거의 평판을 통해서 협조가 가능하게 되는 경우를 게임이론에서는 간접적 호혜성indirect reciprocity이라고 부른다.

◈

성균관대 박혜진 씨와 세종대 정형채 교수와 함께 평판을 고려한 '진화하는evolutionary 죄수의 딜레마 게임'에 대한 연구를 진행했다. 먼저 한 사람의 평판을 그 사람이 과거에 협조한 횟수에 비례한 양으로 정의했다. 연구에서는 두 개의 서로 다른 전략을 고려했는데 첫 번째 전략을 택하는 사람들은 협조자로서, 게임을 할 상대를 고를 때 평판이 높은 사람을 더 선호하도록 했다. 두 번째 전략을 택하는 사람들은 배신자들인데, 이들은 상대의 평판과는 무관하게 일정한 확률로 상대를 마구잡이로 고르는 사람들로 정의했다.

협조자들이 과거에 협조한 적이 전혀 없는 상대하고는 절대로 게임을 하지 않는 상황에서는 전체 집단에서 협력의 상황이 만들어지지 않는다는 것이 첫 번째 결론이었다. 이는 사실 놀랍지 않은 일이다. 죄수의 딜레마 게임에서는 배신자들이 협조자들을 상대로 항상 더 큰 이익을 얻어 성공을 거두니, 시간이 흐르면 협조자들이 배신의 행위를 점점 따라 하게 되기 때문이다. 한편 배신자는 협조자로 바뀔 수 없다. 과거에 늘 배신만 했던 사람의 평판의 점수는 0이라서 이 사람이 어제까지와는 달리 오늘은 협조를 하기로 우연히 마음먹었다고 해도, 아무런 관대함이 없다면 절대로 협력하는 사람들의 사회로의 편입이 허락되지 않아 내일이면 다시 배신자로 돌아가게 된다. 그런데 협조자들이 약간의 관대함을 가져 과거에 늘 배신했던 사람들하고도 게임을 하도록 하면 놀라운 결론을 얻을 수 있었다. 이 경우에는 협조하는 회개자들(어제까지는 배신하다가 오늘은 마음을 고쳐먹은 사람들)이 협조자들의 사회에 편입될 여지가 있게 되어서, 시간이 흐르면 하나씩 하나씩 점점 협조자들의 숫자가 늘어나게 된다는 결론이었다.

논문을 마무리하다가 우리 사는 사회도 마찬가지가 아닐까 하는 생각이 들었다. 잘못을 뉘우친 사람을 끌어안는 약간의 관대함이 큰 변화를 만들 수도 있지 않을까. 무더운 여름날 내가 낸 돈의 가치를 훨씬 뛰어넘는 시원한 아이스크림을 먹다 떠오른 생각이다.

2장

복잡한 세상을 꿰뚫어 보는
통계물리학의 아름다움

1

프로야구팀 이동거리 차이를 최소화하라
공평한 경기일정표의 비밀, 몬테카를로 방법에 있다

서울에서 출발한 보따리장수가 부산, 대구, 수원, 대전을 돌아다니면
서 물건을 팔려면 각 도시를 어떤 순서로 방문해야 할까. 경부고속도
로를 따라 늘어선 이 다섯 도시는 당연히 서울→수원→대전→대구→
부산 순서로 방문하는 것이 좋다. 만약 순서를 바꿔 서울→부산→수원
→대구→대전 순서로 다닌다면 이동거리가 길어진다.

  이처럼 방문 도시가 몇 개 안 되면 일정을 효율적으로 짜는 것이 어
렵지 않다. 하지만 대통령 선거가 임박한 대선후보가 선거구 250여 곳
을 도는 유세 일정을 짜야 한다면, 이는 무척 어려운 문제가 된다. 컴
퓨터과학 분야에서는 이것을 '돌아다니는 판매원 문제travelling salesman
problem'라고 부른다.

어떤 이동경로를 택해야 모든 방문지를 돌아다니는 전체 이동거리를 가장 짧게 만들 수 있을지 찾아야 하는 것이다. 이런 성격의 문제를 최적화 문제라고 한다. 가장 작게 만들고자 하는 어떤 양(목적함수라 부르는데, 앞에서는 전체 이동거리의 총합이 바로 이 양이다)을 주고 어떻게 해야 그 목표를 달성할지 해결하는 문제다.

내가 속한 통계물리학 분야에서는 매년 대학원생을 대상으로 약 일주일간 겨울학교를 연다. 나의 강의는 '몬테카를로 방법'이라는 통계물리학의 가장 중요한 컴퓨터 계산 방법에 대한 것이었다. 주어진 온도에서 물리계의 평형상태가 어떤 것인지를 체계적으로 알아보는 계산법이다.

만약 온도가 절대온도 0도가 되면 모든 물리계는 가장 낮은 에너지를 갖는 '바닥상태'에 있게 된다. 물이 아래로 흐르는 이유는 물이 위에 있을 때보다 아래에 있을 때 에너지가 더 낮기 때문이고, 번개가 치는 이유는 번개 치기 전보다 친 후의 에너지가 더 낮기 때문이다. 이처럼 자연에서 일어나는 변화 중에는 에너지의 높고 낮음으로 이해할 수 있는 것이 많다. 사실 더 정확히는 에너지와 함께 엔트로피의 변화도 함께 고려한 자유에너지로 설명하는 것이 맞다.

통계물리학의 몬테카를로 방법을 이용한 컴퓨터 프로그램을 실행하면서 온도를 천천히 낮추면(컴퓨터가 있는 방 온도가 아님! 연구실 온도만 내려도 '바닥상태'를 찾을 수 있다면 얼마나 좋을까) 결국 물리계는 가장 낮은 에너지를 갖는 '바닥상태'로 가게 된다. 나 같은 물리학자에게 최적화 문제는 곧 가장 낮은 에너지를 갖는 절대온도 0도에서 물리

세상물정의 물리학

계의 '바닥상태'를 찾는 문제와 동일하다.

앞서 이야기한 떠돌이 보따리장수의 이동경로를 구하는 문제는 이동거리의 총합을 에너지라고 부르기만 하면 이미 절반은 해결된 것이나 마찬가지다. 해결해야 할 문제의 나머지 절반, 즉 몬테카를로 방법으로 에너지가 낮은 상태를 찾아내는 일도 사실 별로 어렵지 않다.

예를 들어 땅 근처에서 중력을 느끼는 돌멩이의 에너지가 가장 낮은 '바닥상태'를 찾는 것을 생각해보자. 먼저 돌멩이가 어떤 높이에 있다고 가정한 뒤 동전을 던져서 앞면이 나오면 돌멩이를 현재 높이보다 조금 위로 옮기고, 뒷면이 나오면 조금 아래로 옮기자. 돌멩이의 새로운 위치에서 에너지를 계산한 다음 방금 전 높이에 있었을 때의 에너지와 비교한다. 돌멩이는 지면에 가까워질수록 에너지가 낮아지니, 현재 위치보다 위로 옮겨진 돌멩이는 에너지가 높아질 테고 아래로 옮겨진 돌멩이는 에너지가 낮아질 것이다.

몬테카를로 방법에서는 에너지가 높아지는 시도는 그냥 무시해버리고(원래 위치로 돌멩이를 다시 옮겨놓는다), 에너지가 낮아지는 시도는 받아들여 돌멩이를 아래로 옮긴다. 이 과정을 여러 번 반복하면 돌멩이는 조금씩 아래로 옮겨질 것이다. 지면에 닿을 때까지. 땅에 닿은 돌멩이의 에너지가 가장 낮으므로 이후에는 계속 땅 위에 머물게 된다.

돌멩이의 중력장 안에서의 '바닥상태'를 찾는 과정에서 '돌멩이가 일단 지면에 닿으면 땅속으로 들어가지 못한다' 같은 조건을 '제약 조건'이라고 부른다. 사실 손에서 놓은 돌멩이가 어떻게 될지 이해하기 위해 몬테카를로 방법을 이용해 컴퓨터 프로그램을 만드는 물리학자는 없다. 고등학교 물리학에서 배우는 아주 간단한 한 줄의 수식으로 쉽게 이해할 수 있으니까. 하지만 팔도강산 방방곡곡을 돌아다니는 떠돌이 보따리장수의 이동경로 최적화 같은 복잡한 문제의 경우에는 컴퓨터를 이용한 계산이 필수적이다.

◈

겨울학교에서 대학원생들에게 준 모둠 과제는 '한국 프로야구팀의 이동거리 차이를 최소화하는 경기일정을 만들라'라는 것이었다. 이 문제에서 가장 작게 만들고자 하는 '에너지'에 해당하는 양은 각 프로야구팀의 이동거리 차이다. 한국야구위원회KBO 홈페이지에는 경기일정표와 함께 일정표를 만들 때 적용하는 다양한 규칙(예를 들어 개막전 경기는 어떻게 구성하며, 어린이날과 올스타전 경기 규칙은 무엇인지 등)이 게시되어 있다. 이를 참조해 실제로 사용하는 경기일정표보다 이동거리 면에서 더 공평한 경기일정표를 몬테카를로 방법을 이용해 찾으라는 과제였다.

〈그림1〉 지도를 보자. 연구를 진행한 2012년, 프로야구 8개 구단 홈구장 중 4개는 인구가 많은 수도권에 오밀조밀 모였고, 나머지 4개는 띄엄띄엄 떨어져 있다. 홈구장 위치에 대한 고민 없이 프로야구 경기일정표를 만들면 당연히 수도권 구단은 다른 지역 구단보다 이동거리가 짧을 것이다. 반면 부산에 홈구장이 있는 롯데는 홈경기와 원정경기를 번갈아 하면 수도권과 부산을 여러 번 왔다 갔다 해야 한다.

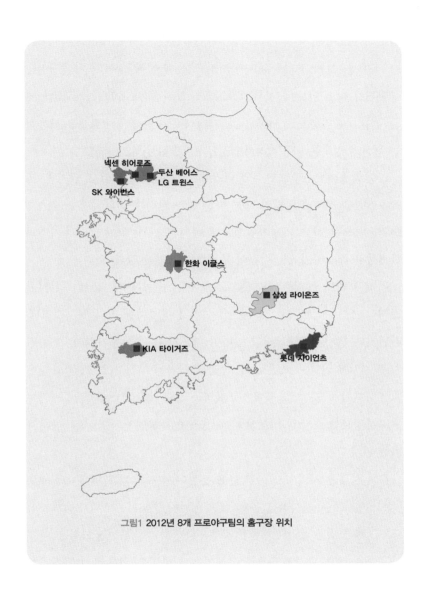

넥센 히어로즈
두산 베어스
LG 트윈스
SK 와이번스

한화 이글스

삼성 라이온즈

KIA 타이거즈

롯데 자이언츠

그림1 2012년 8개 프로야구팀의 홈구장 위치

2012년 KBO에서 실제로 운영한 경기일정표를 따라 각 구단이 페넌트레이스 동안 이동한 거리를 계산해 그린 것이 〈그림2〉이다. 아니나 다를까, 실제 경기일정표에 따라 계산해본 각 구단의 이동거리는 구단별로 많이 달랐다. 롯데가 9200km로 가장 길고, LG는 5500km에 불과하다. 흥미롭게도 서울 잠실구장을 LG와 함께 홈구장으로 사용하는 두산의 경우는 이동거리가 LG보다 상당히 긴 6800km였다

당연히 KBO도 롯데의 이동거리가 길다는 사실을 알고 있기에, 원정 9연전을 전혀 허락하지 않는 다른 팀과 달리 롯데의 경우는 원정 9연전을 한 번 하도록 경기일정표에 예외를 뒀다. 하지만 이동거리의 불평등을 해소하기에는 턱없이 부족하다는 점을 알 수 있다.

어떻게 하면 공평한 경기일정표를 만들 수 있을까. 앞서 이야기한 것처럼 필요한 것은 두 가지뿐이다. 먼저 에너지를 정의하는 것인데, 간단하다. 각 팀 이동거리가 얼마나 다른지 재는 이동거리의 '표준편차'를 에너지라고 부르면 된다. 그리고 매번 주어진 제약 조건(앞의 예에서 돌멩이가 땅속으로 들어가지 못하는 것과 같은 조건)을 만족시키는 경기일정표를 조금씩 바꿔보는 과정을 반복하면서 에너지를 줄여나가면 된다.

물론 사람은 지겨워서 이런 일을 못한다. 아무리 대학원생이라 해도 (참고로 한국에서 코끼리를 냉장고에 넣는 여러 방법 가운데 내가 실제로 성공을 경험한 것은 '대학원생에게 시킨다'다). 하지만 통계물리학을 전공하는 우수한 대학원생들에게 몬테카를로 방법을 적용해 이동거리가 공평한 경기일정표를 만들라는 과제를 주면 단 며칠 안에 컴퓨터 프로

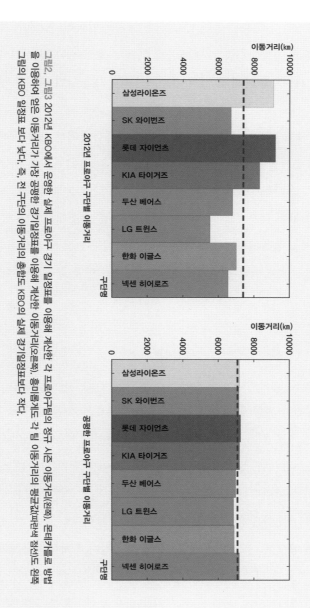

이동거리(km)

2012년 프로야구 구단별 이동거리

삼성라이온즈 · SK 와이번즈 · 롯데 자이언츠 · KIA 타이거즈 · 두산 베어스 · LG 트윈스 · 한화 이글스 · 넥센 히어로즈

구단명

이동거리(km)

공평한 프로야구 구단별 이동거리

삼성라이온즈 · SK 와이번즈 · 롯데 자이언츠 · KIA 타이거즈 · 두산 베어스 · LG 트윈스 · 한화 이글스 · 넥센 히어로즈

구단명

그림2, 그림3 2012년 KBO에서 운영한 실제 프로야구 경기 일정표를 이용해 계산한 각 프로야구팀의 정규 시즌 이동거리(왼쪽), 몬테카를로 방법을 이용하여 얻은 이동거리가 가장 공평한 경기일정표를 이용해 계산한 이동거리(오른쪽). 흥미롭게도 각 팀 이동거리의 평균값(파란선)에서 정서도 왼쪽 그림의 KBO 일정표 보다 낮다. 즉, 전 구단의 이동거리의 총합도 KBO의 실제 경기일정표보다 적다.

그램을 만들고 결과를 얻어 발표한다. 그렇게 얻어진 경기일정표에 따라 각 팀의 이동거리를 다시 계산해 〈그림3〉을 그렸다. 먼저의 경기일정표(〈그림2〉)에 비해 각 팀의 이동거리 차이가 상당히 줄었음을 알 수 있다.

프로야구 경기일정에 대한 이 연구는 겨울학교에서 모둠 과제를 수행한 대학원생 김상우, 정향민, 김아람, 최영욱, 그리고 처음 연구 아이디어를 생각할 때 도움을 준 은종현 박사와 함께 논문 형태로 출간했다. 재미있는 내용이라 생각했는지 몇몇 언론이 소개하기도 했다. 나의 연구 중 신문지상에 소개된 논문이 이전에도 간혹 있었지만 과학면이 아닌 스포츠면에 실린 연구는 아직까지는 이 논문 하나뿐이다. 이 연구가 자랑스러운 이유다.

◆

연구 결과가 언론에 실린 후 한 기자의 소개로 KBO를 방문해 이야기를 나눈 적도 있다. 실제로 경기일정표를 작성할 때는 홈페이지에 명시적으로 게시한 것보다 더 많은 다양한 제약 조건이 있다는 것을 새로 알기는 했지만, 몬테카를로 방법으로 더 나은 경기일정표를 만들 수 있다는 것만은 확실했다. 게다가 이제 프로야구팀 수가 10개가 됐고 아마 앞으로 더 늘어날 테니, 좀 더 체계적이고 과학적인 방법으로 경기일정표를 작성하는 것이 필요해 보인다. 이듬해 KBO가 발표한 2013년 경기일정표가 한 특정 구단(또다시 롯데!)에 불리하다는 신문 기사가 나왔으니 말이다.

사실 내가 당장이라도 살펴보고 싶은 또 다른 최적화 문제가 있다. 「학교와 병원과 커피점의 속사정」(84-93쪽 참조)에서 어떻게 학교를 배치하는 것이 좋을지에 대해 이야기한 적이 있다. 이 문제의 앞뒤를 살짝 바꾸면, 학교 위치가 주어졌을 때 어떻게 학생들을 각 학교에 배정하는 것이 소위 '근거리 배정원칙'을 가장 잘 따르는 것인지 결정하는 문제가 된다. 이 문제를 자세히 살펴보고 싶은 마음이 있다. 나의 도움이 필요한 관계자 분이 이 글을 본다면 연락 주시길.

좋은 프로야구 경기일정표를 만드는 다른 방법도 있다. KBO에서 약간의 상금을 걸고 경기일정표를 공모하는 것이다. 프로야구팬이 얼마나 많은가. 많은 사람으로부터 공모를 통해 경기일정표를 제출받고, 이렇게 제출된 일정표에 대한 심사와 선정도 많은 사람에게 맡기면 어떨까. 많은 경우, 평범한 대중은 우수한 극소수의 엘리트보다 더 합리적인 결정을 내린다.

2

정체불명의 교통 정체
설연휴 꽉 막히는 고속도로, 밀도가 문제야

매년 설연휴 전국 고속도로는 몸살을 앓는다. 차가 많으면 교통 정체가 생기는 것은 언뜻 당연한 일 같다. 그런데 여러 객차가 연결된 채움직이는 경부선 고속열차라면 어떨까. 1호 객차는 이미 떠나갔는데 2호 객차는 멈춰 있고, 따라서 그 뒤 3호 객차까지 꼼짝없이 움직이지못하는 교통 정체가 철로 위에서는 생기지 않는다. 당연하다. 모든 객차는 두름에 엮인 굴비처럼 같이 움직이니까. 그러니 기차를 움직이는힘만 충분하다면 연결된 객차 수가 2배가 된다 해도 고속열차가 느려져 저속열차가 될 이유는 없다.

반면 차가 많아지는 설연휴 고속도로는 저속도로가 된다. 대도시에서 자동차로 출퇴근하는 사람이면 누구나 이유를 짐작할 수 있다. 저 앞 사거리 신호등은 초록불인데 내 바로 앞차가 움직이지 않으니 나도 움직일 수 없고, 내 앞차는 또 그 앞차가 움직이지 않으니 기다릴 수밖에 없다. 드디어 내 앞차들이 하나씩 움직이기 시작하면 이미 저 앞 신호등은 빨간불. 이번에도 지나긴 또 글렀군.

이처럼 차가 많아지면서 교통 흐름이 느려지는 이유의 하나는 운전자의 반응 시간(앞차 움직임을 보고 '이제 움직여야지' 하고 마음먹고 차를 움직이기 시작할 때까지 시간)이 보통 1초 정도 되기 때문이다. 운전자가 가속페달을 밟으면서 가속을 시작해도 차가 적정 속도에 이르려면 또 추가 시간이 필요하다. 도로 위 차를 굴비 엮듯 모두 한 줄로 연결해 첫 차를 잡아끌면 차 100대가 시속 60km에 이를 때까지 얼마 걸리지 않는다. 하지만 현실에서 첫 번째 차를 뺀 모든 차의 운전자는 자기 앞차가 움직이는 것을 인식하고 나서야 가속페달을 밟을 수 있고, 따라서 100대 모두 움직이려면 긴 시간이 필요하게 된다.

고속도로에서 사고가 나지 않아도 차가 막히는 이유는 또 있다. 일본 한 대학 과학자들이 실험한 동영상을 보면(인터넷에서 'shockwave traffic jam'이라는 검색어로 찾을 수 있다), 원모양 차로 위에서 처음에는 문제없이 잘 달리던 차들이 어느 정도 시간이 지나면 갑자기 교통 정체를 겪는 모습을 볼 수 있다. 왜 그럴까.

차가 많아도 모든 차가 다 함께 정확히 같은 거리를 유지하면서 같은 속도로 달리면 막힐 이유가 없다. 하지만 도로 위에 차가 많아지면 차 사이 거리가 줄어든다. 이때 차 1대가 살짝 브레이크를 밟아 속도를 조금만 줄여도 그 뒤를 바짝 쫓아오던 뒤차는 깜짝 놀라 속도를 갑자기 줄이게 되고, 그 차의 또 뒤차는 어쩌면 아예 서버릴지도 모른다. 이 과정에서 정체가 생기는 것이다. 이처럼 교통정체는 사고가 나지 않아도, 갑자기 앞 트럭에서 짐이 떨어지거나 고라니가 도로로 뛰어들지 않더라도 얼마든 생길 수 있다. 이를 유령 정체phantom traffic jam라 부른다.

유령 정체가 생기는 이유는 모든 사람이 똑같이 운전하지 않기 때문이다. 운전 습관 차이, 교통상황에 대한 판단 차이, 자동차의 가·감속 능력의 기계적 차이 등을 생각하면 도로 위 자동차들이 다르게 움직이는 것은 당연하다. 이러한 차이로 균일하던 교통 흐름에 작은 교란이 생길 경우, 교란은 마치 퐁당퐁당 던진 돌멩이가 만드는 호수 위 물결처럼 파동 형태로 도로 위를 움직인다. 도로 위에 차가 많지 않다면 1대가 만든 작은 교란은 뒤차에 영향을 주지 않고 곧 사라진다. 그러나 차들이 많아 촘촘히 움직일 때는 작은 교란도 바로 뒤차로 전달되며 증폭·확대된다.

다시 말해 운전자의 반응시간이 길고, 도로 위 차 움직임이 균일하지 않으며, 운전자가 교통 상황에 과잉 반응하는 것. 이것이 바로 사고가 나지 않아도 차만 많아지면 도로 위에 정체가 나타나는 이유다.

서울에서 출발해 부산 방향 경부고속도로로 접어들면 천안 부근까지 상당한 시간 동안 4차로 이상 도로를 달린다. 차간거리 100m를 유지하며 시속 100km로 4차로를 같은 방향으로 달리면 24시간 동안 도로 한 지점을 지나는 차는 모두 9만 6000대가 된다.

내 연구그룹 조우성 군이 그린 〈그림1〉은 설 전날 경부고속도로 교

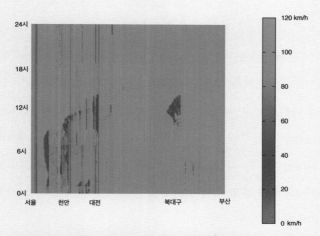

그림1 설 전날 하루 동안의 경부고속도로 부산 방향 교통 흐름. 빨간색으로 보이는 부분이 정체가 생긴 부분이다. 이날 부산 방향으로 서울에서 진입한 차는 모두 약 10만 4천 대였다. 대전 북쪽의 여러 교통 정체와 북대구 부근의 교통 정체를 볼 수 있다.

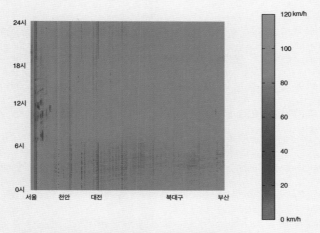

그림2 평일 하루 동안의 경부고속도로 부산 방향 교통흐름. 이날 부산 방향으로 서울에서 진입한 차량 수는 약 10만2천 대였다. 〈그림1〉의 하루 통행량과 크게 다르지 않았지만, 서울 부근을 제외하면 교통 흐름은 거의 전 구간 원활했다.

통 흐름을, 〈그림2〉는 평일의 교통 흐름을 보여준다. 빨간색으로 표시한 부분이 교통 정체가 있던 구간이다. 어디서 교통 정체가 생기기 시작하고 그 정체가 어떻게 해소되는지 한눈에 보인다. 서울에서 부산 방향으로 진입한 차량 수는 두 그림 각각 10만 4650대와 10만 2247대로 크게 다르지 않다. 4차로를 안전거리를 유지하며 쌩쌩 달리는 경우를 생각해 계산한 9만 6000대에 비해 10% 정도 늘어났을 뿐이다. 특정 시간대에 몰리는 차를 다른 시간대로 분산하고, 설연휴 고속도로에 진입하는 차 대수를 10%만 줄여도 교통 정체가 많이 줄어들어 즐거운 귀성길이 될 수 있을 것이다.

◈

교통 정체의 물리학을 좀 더 설명하기 위해 손난로를 예로 들어볼까 한다. 내 아이들은 초등학생 때 비닐포장에 액체가 담긴 손난로를 갖고 다니곤 했다. 손난로 안에는 작은 금속조각이 들었고, 딸깍하고 누르면 액체가 고체로 변하면서 따뜻해진다. 이 손난로에 들어 있는 것은 '과냉각supercooled'된 액체다.

사실 영하 10도쯤 되는 추운 날씨에는 손난로 안 액체가 얼어 고체 상태가 돼 있어야 한다. 물리학자 용어로 말하자면 영하 10도일 때 이 물질의 평형 상태는 고체다. 그런데 충분히 조심하면 이 물질이 영하 10도에서도 비정상적인 비평형 상태(평형 상태는 아니지만 그와 비슷하다는 뜻으로 준평형 상태라고도 부른다)인 액체 상태에 머물게 할 수 있다.

　냉동실에 얌전히 액체 상태로 있던 음료수를 꺼내 마시려고 뚜껑을 여는데, 갑자기 얼기 시작하는 것을 경험한 적이 있을 것이다. 이것이 바로 음료수가 냉동실에서 비평형 상태인 과냉각 액체 상태로 있었기 때문에 벌어진 현상이다. 이 현상을 이용해 음료수를 슬러시로 만들어 먹는 요령을 소개하는 동영상도 있으니 인터넷에서 찾아보길 바란다.

　다시 손난로로 돌아가자. 손난로 안에 액체와 함께 들어 있는 금속판을 딸깍하고 누르면 금속판 표면 가는 홈에 들어 있던 작은 고체 조각이 액체 부분으로 밀려나와 응결핵 구실을 한다. 얼음이 담긴 용기에 불을 때면 얼음이 녹아 물이 되는 것처럼, 고체가 액체로 변할 때 외부에서 열 형태로 넣어준 에너지는 액체가 고체로 될 때 거꾸로 밖으로 나오게 된다. 이것이 손난로의 원리다. 손난로가 열을 발산한 후 고체로 굳으면 혼자 힘으로는 다시 액체로 돌아가지 못한다. 끓는 물에 넣어 녹인 후 천천히 식혀야만 다시 과냉각된 액체 상태로 만들 수 있다.

　교통 정체는 이러한 손난로 물리학과 거의 비슷하다. 손난로의 평형 상태를 결정하는 가장 중요한 변수는 당연히 온도다. 교통 정체 물리학에서 온도에 해당하는 것은 도로에 있는 차의 밀도, 즉 도로 위 1km 거리 안에 있는 차 대수다. 차 밀도가 커서 교통 정체가 생긴 상황은 온도가 낮아 손난로가 고체 상태에 있는 것에 해당하고, 차 밀도가 작아 교통 흐름이 원활한 상황은 손난로가 액체 상태에 있는 것으로 생각하면 된다.

영하 10도에서 손난로가 제대로 된 평형 상태인 고체 상태로 있을 수도 비평형 과냉각 상태인 액체 상태로 있을 수도 있는 것처럼, 도로 위 차 밀도가 같아도 어떤 때는 원활하게 움직이는 도로 상태일 수 있고 교통 정체가 생길 때도 있다. 금속판을 '딸깍'해 균일한 액체 상태를 교란시키는 것은 균일한 교통 흐름 안에서 차 1대가 갑자기 속도를 줄이는 것에 해당한다. 응결핵으로부터 시작해 점점 고체로 변하듯, 교란을 만든 차로부터 시작한 교통 정체도 규모가 점점 더 커지게 된다.

일단 고체 상태가 되면 온도를 변화시키지 않는 한 절대로 스스로 알아서 액체 상태로 돌아가지 못하는 손난로처럼, 고속도로 위 정체도 차의 밀도가 변하지 않는 한 저절로 풀리지 않는다. 온도를 많이 올렸다 식혀서 다시 액체로 만드는 손난로처럼, 차의 밀도가 작아져야만 교통 정체가 해소되고 이후 차 대수가 천천히 늘어나 이전 정체가 있던 차의 밀도에 이르면 교통 흐름은 원활한 비평형 상태에 머무를 수 있다.

고속도로 교통 정체를 해소하는 확실한, 하지만 실제로는 활용할 수는 없는 방법이 있다. 배급제로 식량을 나눠주듯 모든 사람의 고속도로 진입 시간을 정부가 정하고 따르라고 강요하는 것이다. 하지만 빈대 잡자고 초가삼간 태울 수 없듯, 몇 시간 고향에 빨리 가려고 이동 자유를 제한하는 것은 말이 안된다. 궁극적으로는 과학 기술 발달로 교통정체가 상당 부분 해소될 것으로 나는 믿는다.

매일 운전석에 앉아 운전대를 잡고 하는 일은 대부분 전혀 지적 노력이 필요하지 않은 기계적인 것들이다. 앞차가 움직이면 같은 속도로

그림3 과냉각된 액체가 들어있는 손난로. 금속판을 누르면 열이 발생하며 평형 상태인 고체가 된다. 다시 액체로 만들려면 끓는 물에 넣은 후 천천히 식히면 된다. 교통 흐름의 물리학은 손난로의 물리학과 비슷하다.

차를 움직이기만 하면 된다. 현재 기술 발전 속도로 보면 운전 중 급박한 상황에 대처하는 것도 머잖아 차에 장착한 컴퓨터가 사람보다 훨씬 더 잘하게 될 것으로 생각한다.

◈

교통 정체가 생기는 이유를 어느 정도 이해하고 있으니 당연히 교통 정체를 해소하는 궁극적인 방법을 제안하는 것도 어렵지 않다. 운전자 반응 시간 때문에 생기는 문제는 판단 빠른 컴퓨터에 맡겨서 해결하면 되고, 앞차 감속에 과잉 반응해 과도한 감속을 하게 되는 것은 앞차와 거리를 충분히 두는 것으로 해결하면 된다.

내가 이현근 박사와 진행한 연구 결과에 따르면, 전방 몇백 미터 앞에서 교통 흐름이 느려지면 현 위치에서부터 미리 차 간 거리를 충분히 유지하는 운전 규칙만 잘 적용해도 교통 정체가 상당히 해소된다.

미래에는 내 손자가 "할아버지, 책에서 보니 옛날에는 사람이 자동차를 운전했다고 하는데 정말 그런 일이 있었나요? 왜 사람이 운전을 했을까요?"라고 물을 것이다. 자동自動차는 사람 도움이 전혀 없이 '스스로 움직여야' 진짜 자동차다.

그때가 되면 훨씬 더 많은 차가 교통 정체 없이 지금의 경부고속도로 위를 지나다니게 될 것이고 따라서 차에서 보내는 출근 시간이 고통스럽지 않을 것이다. 어쩌면 자기 차 안에서 출근길 단잠을 즐기거나, 아침 연속극을 마저 보면서 출근하려고 일부러 느리게 가는 사람 때문에 교통 정체가 다시 사회 문제가 될지도 모르겠다.

그럴 때는 최저속도를 정하고 어길 시 범칙금을 물리면 될 것이다. 아니, 그렇게 하면 빠른 속도로 먼 길을 돌아가려 할지도 모르겠다. 사실 이것도 걱정할 것 없다. 또 이 문제를 연구하는 미래의 물리학자가 있을 테니까.

3

남산에서 돌을 던지면 누가 맞을까?

80대 8 법칙 따르는 한국인 성씨 분포

서울 남산에서 돌을 던지면 누가 맞을까. 속담을 떠올려 '김 서방이 맞을 것'이라고 답한다면 과학자다운 사고방식은 아니다. 이 문제의 답은 '아무도 맞지 않는다'다. 팔 힘이 아주 세 멀리 던질 수 있다 해도 무작위로 던진 돌에 사람이 맞는 것은 쉽지 않기 때문이다.

눈 쌓인 운동장에서 벌벌 떨면서 아침 조회가 시작되기를 기다리던 고등학교 어느날이었다. 누가 먼저 시작했는지 전교생이 좌우 두 패로 나뉘어 눈을 뭉쳐 반대편 쪽으로 하늘 높이 던지며 짧게나마 즐거운 시간을 보냈다. 코끝이 싸한 겨울날, 파란 겨울 하늘을 뒤덮던 하얀 눈뭉치들.

그런데 놀랍게도 눈뭉치는 대부분 사람을 맞추지 않고 운동장에 떨어졌다. 사실 '남산에서 돌 던지면 누가 맞을까'라는 속담이 이야기하는 것은 '남산에서 던진 돌이 사람에게 맞았다면 그 사람은 누구일까'라는 조건부 확률 문제다.

어려운 확률 이야기를 하자는 것이 아니다. 성씨 이야기를 하려는 것이다. 한국에는 고유한 문화적 특징이 많다. 그 가운데 다른 어느 나라에서도 찾을 수 없는 특징이 한국에 있는 모든 성씨를 종이 한 장도 안되는 분량에 다 적을 수 있다는 것이다(〈표1〉 참조). 한국의 성씨는 300개 정도밖에 되지 않는다. 이웃나라 일본엔 13만여 개 성씨가 있다.

원래 질문으로 돌아가 남산에서 무작위로 던진 돌에 사람이 맞았다고 가정하고, 그 사람이 김씨일 확률을 구해보자. 〈표1〉은 통계청이 발표한 2000년 한국 사람의 성씨 분포다. 2000년 김씨 성을 가진 사람의 수를 당시 한국의 인구 4600만 명으로 나누면, 확률은 약 21.6%다. 더구나 속담에서는 '김 서방'이라 했으니 성인 남자 김씨가 맞을 확률은 10%를 밑돌게 되므로, 과장된 면이 없지 않다. 하지만 이 10%도 엄청난 수치다. 이런 일은 오직 한국에서만 생길 수 있다. 마찬가지로 이씨와 박씨를 생각하면, 김·이·박씨 사람이 돌에 맞을 확률은 44.8%다. 여기에 네 번째로 많은 성인 최씨, 그리고 다섯 번째로 많은 성인 정씨까지 넣으면, 절반이 넘는 54%가 된다.

성씨	수	성씨	수	성씨	수	성씨	수
김(金)	9,925,949	방(房)	35,366	좌(左)	3,130	호(鎬)	210
이(李)	6,794,637	마(馬)	35,096	노(路)	3,048	두(頭)	208
박(朴)	3,895,121	정(程)	32,519	반(班)	2,955	미(米)	199
최(崔)	2,169,704	길(吉)	32,418	팽(彭)	2,825	요(姚)	198
정(鄭)	2,010,117	위(魏)	28,675	승(承)	2,494	옹(雍)	192
강(姜)	1,044,386	연(延)	28,447	공(公)	2,442	야(夜)	180
조(趙)	984,913	표(表)	28,398	간(簡)	2,429	묵(墨)	179
윤(尹)	948,600	명(明)	26,746	상(尙)	2,298	자(慈)	178
장(張)	919,339	기(奇)	24,385	기(箕)	2,294	만(萬)	172
임(林)	762,767	금(琴)	23,489	국(國)	2,182	운(雲)	169
오(吳)	706,908	왕(王)	23,447	시(施)	2,121	환(桓)	157
한(韓)	704,365	반(潘)	23,216	서문(西門)	1,861	범(凡)	157
신(申)	698,171	옥(玉)	22,964	위(韋)	1,821	탄(彈)	155
서(徐)	693,954	육(陸)	21,545	도(陶)	1,809	곡(曲)	155
권(權)	652,495	진(秦)	21,167	시(柴)	1,807	종(宗)	146
황(黃)	644,294	인(印)	20,635	이(異)	1,730	창(倉)	144
안(安)	637,786	맹(孟)	20,219	호(胡)	1,668	사(謝)	135
송(宋)	634,345	제(諸)	19,595	채(采)	1,666	영(永)	132
류(柳)	603,084	탁(卓)	19,395	강(强)	1,620	포(包)	129
홍(洪)	518,635	모(牟)	18,955	진(眞)	1,579	엽(葉)	127
전(全)	493,419	남궁(南宮)	18,743	빈(彬)	1,548	수(水)	124
고(高)	435,839	여(余)	18,146	방(邦)	1,547	애(艾)	123
문(文)	426,927	장(蔣)	17,708	단(段)	1,429	단(單)	122
손(孫)	415,182	어(魚)	17,551	서(西)	1,295	부(傅)	122
양(梁)	389,152	유(庾)	16,802	견(甄)	1,141	순(淳)	121
배(裵)	372,064	국(鞠)	16,697	원(阮)	1,104	순(舜)	120
조(曺)	362,817	은(殷)	15,657	방(龐)	1,080	돈(頓)	115
백(白)	351,275	편(片)	14,675	창(昌)	1,035	학(學)	101
허(許)	300,448	용(龍)	14,067	당(唐)	1,025	비(丕)	90
남(南)	257,178	강(彊)	13,328	순(荀)	1,017	개(介)	86
심(沈)	252,255	구(丘)	13,241	마(麻)	998	영(榮)	86
유(劉)	242,889	예(芮)	12,655	화(化)	945	후(候)	83
노(盧)	220,354	봉(奉)	11,492	구(邱)	894	십(辻)	82
하(河)	209,756	한(漢)	11,191	모(毛)	879	뇌(雷)	80
전(田)	188,354	경(慶)	11,145	이(伊)	860	난(欒)	80
정(丁)	187,975	소(邵)	9,904	양(襄)	823	춘(椿)	77
곽(郭)	187,322	사(史)	9,756	종(鍾)	816	수(洙)	75
성(成)	184,555	석(昔)	9,544	승(昇)	810	준(俊)	72
차(車)	180,589	부(夫)	9,470	성(星)	808	초(肖)	70
유(俞)	178,209	황보(皇甫)	9,148	독고(獨孤)	807	운(芸)	68
구(具)	178,167	가(賈)	9,090	옹(邕)	772	내(奈)	63
우(禹)	176,682	복(卜)	8,644	빙(氷)	726	묘(苗)	61
주(朱)	176,232	천(天)	8,416	장(莊)	648	담(譚)	57
임(任)	172,726	목(睦)	8,191	추(鄒)	642	장곡(長谷)	52
나(羅)	172,022	태(太)	8,165	편(扁)	633	어금(魚金)	51
신(辛)	167,621	지(智)	6,748	아(阿)	632	강전(岡田)	51
민(閔)	159,054	형(邢)	6,640	도(道)	621	삼(森)	49
진(陳)	142,496	피(皮)	6,303	평(平)	608	저(邸)	48
지(池)	140,824	계(桂)	6,282	대(大)	606	군(君)	46
엄(嚴)	132,990	전(錢)	6,094	풍(馮)	586	초(初)	45
원(元)	119,356	감(甘)	5,998	궁(弓)	562	교(橋)	41
채(蔡)	114,069	음(陰)	5,936	강(剛)	546	영(影)	41
강(康)	109,925	두(杜)	5,750	연(連)	532	순(順)	38
천(千)	103,811	진(晉)	5,738	견(堅)	519	단(端)	34
양(楊)	93,416	동(董)	5,564	점(占)	516	후(后)	31
공(孔)	83,164	장(章)	5,562	흥(興)	462	누(樓)	24
현(玄)	81,807	온(溫)	5,081	섭(葉)	450	돈(敦)	21
방(方)	81,710	송(松)	4,737	국(菊)	405	소봉(小峰)	18
변(卞)	78,685	경(景)	4,639	내(乃)	377	뇌(賴)	12
함(咸)	75,955	제갈(諸葛)	4,444	제(齊)	373	망절(網切)	10
노(魯)	67,032	사공(司空)	4,307	여(汝)	358	원(苑)	5
염(廉)	63,951	호(扈)	4,228	낭(浪)	341	즙(汁)	4
여(呂)	56,692	하(夏)	4,052	봉(鳳)	327	증(曾)	3
추(秋)	54,667	빈(賓)	3,704	해(海)	322	증(增)	3
변(邊)	52,869	선우(鮮于)	3,560	판(判)	290	삼(杉)	2
도(都)	52,349	연(燕)	3,549	초(楚)	281	빙(氷)	1
석(石)	46,066	채(菜)	3,516	필(弼)	251	우(宇)	1
신(愼)	45,764	우(于)	3,359	궉(鴌)	248	경(京)	1
소(蘇)	39,552	범(范)	3,316	근(斤)	242	소(肖)	1
선(宣)	38,849	설(偰)	3,298	사(乍)	227	예(乂)	1
주(周)	38,778	양(樑)	3,254	매(梅)	222	기타	1,054
설(薛)	38,766	갈(葛)	3,178	동방(東方)	220	미상	7,900

표1 2000년 한국인의 성씨와 사람 수(단위: 명)

혹시 80대 20 법칙을 들어봤는가. 사회에서 발견되는 많은 통계에서 20% 정도의 사람이 전체 80%의 부를 차지하는 것을 일컫는 말이다. 부와 소득 분포만 80대 20 법칙을 보이는 것이 아니다. 한 회사의 판매상품 가운데 20%가 전체 매출의 80%를 차지한다거나, 사원의 20%가 회사 전체 이익의 80%를 만드는 것 등 다양한 예가 있다(회사원의 80%는 아마도 자신이 그 20%에 속한다고 생각할 것이다).

마찬가지 셈법을 〈표1〉에 있는 한국인의 성씨에 적용해보자. 상위 22개 성씨(즉, 22/285(전체 성씨)×100=7.7, 약 8%)가 전체 인구의 80% 정도를 차지하므로 성씨 분포는 80대 20이 아닌 80대 8 법칙을 따른다. 즉, 상위 성씨에 집중된 정도가 아주 심한 편이다. 물리학자들은 이런 이야기를 말보다 그래프로 그리는 것을 좋아한다.(성씨에 대한 연구는 박성민, 백승기, 그리고 호앙 안 투안 키에트Hoang Ahn Tuan Kiet와 함께 진행했다.)

〈그림1〉을 보자. 가로축에는 가장 많은 성씨인 김씨를 1위, 그다음 이씨를 2위, 박씨를 3위라고 하는 식으로 각 성씨의 순위를 놓고, 세로축에는 각 성씨를 가진 사람이 몇 명인지를 놓아 그린 그래프다. 순위가 뒤로 갈수록 그 성씨를 가진 사람의 수가 줄어들다 보니 그래프는 왼쪽 위에서 오른쪽 아래로 내려가는 모양이다. 세로축은 가로축과 달리 1, 10, 100, 1000처럼 10배가 늘어날 때마다 한 눈금 간격이 되도록 그렸다(이런 그래프를 두고 로그 축척log scale으로 그렸다고 한다). 그림 가

운데를 보면 넓은 범위에 걸쳐 직선처럼 보이는 부분이 있는데, 이는 성씨의 순위빈도rank-frequency 그래프가 지수함수exponential function 꼴을 갖는다는 의미다. 어려운 말은 모두 빼고 성씨 분포를 간단히 설명하면, 상위 성씨는 엄청 많고 하위로 내려갈수록 그 성씨를 갖는 사람 수가 급격히 줄어든다는 것이다.

〈그림2〉를 보자. 몇몇 도시의 전화번호부를 학생들과 함께 살펴보고, 한 대학 재학생들의 성씨를 분석해 만든 그래프다. 가로축에는 한 집단에 몇 명이 있는지, 세로축에는 그 집단에서 서로 다른 성씨가 몇 개 발견됐는지를 그렸다. 〈그림1〉과 달리 이번에는 가로축을 1, 10, 100식으로 10배씩 늘어나는 눈금으로 그렸다.

이 그래프는 사람 수가 늘어남에 따라 한 집단에서 발견되는 성씨가 아주 천천히 증가하는 것을 보여준다(정확히 말하면 성씨 수는 사람 수의 로그함수 꼴로 증가한다). 한국의 인구가 10배가 돼도 성씨는 지금보다 기껏해야 몇십 개 정도만 늘어날 것으로 기대할 수 있다. 사실 그래프의 가장 왼쪽 점은 내가 강의한 수강생을 대상으로 조사한 결과다. 독자들도 기회가 되면 자신이 속한 집단의 사람 수와 그 집단에서 발견되는 성씨 수를 구해 그 결과를 〈그림2〉에 겹쳐 그려보기를 바란다. 〈그림2〉의 직선에서 크게 벗어나지 않는 결과를 얻을 것이 거의 확실하다.

이처럼 우리가 사회 현상의 거시적 패턴에서 벗어나는 것은 쉽지 않다. 물론 그렇다고 거시적 패턴의 존재가 우리 각자의 자유의지와 모순되는 것은 결코 아니다. 오히려 한 사람 한 사람이 본인의 성씨와 무

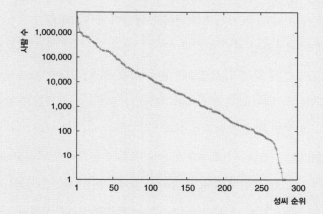

그림1 2000년 한국인의 성씨 분포. 가로축에는 각 성씨의 순위(김씨가 1위, 이씨가 2위 등)를, 세로축에는 그 성씨를 가진 사람이 몇 명인지 표시했다.

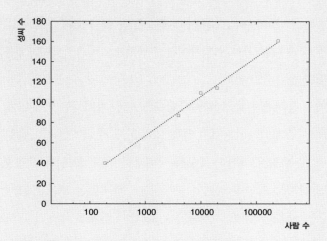

그림2 한 집단 안에 사람이 몇 명인지를 가로축에, 그 안에서 몇 개의 성씨가 발견되는지를 세로축에 그린 그림. 사람 수가 늘어날 때 성씨의 수는 아주 천천히 증가하는 (로그함수 꼴) 모양임을 보여준다.

관하게 자유롭게 집단을 형성하고, 자유의지에 따라 거주지를 결정하기 때문에 이와 같은 거시적 패턴이 드러난다고 생각한다.

자세히 설명하긴 쉽지 않지만 〈그림1〉과 〈그림2〉는 같은 정보를 다르게 그린 것일 뿐 수학적으로는 동등하다. 즉, 엄청나게 빨리 감소하는 〈그림1〉의 함수 꼴과 엄청나게 천천히 증가하는 〈그림2〉의 함수 꼴은 동전 앞뒷면처럼 밀접하게 얽혀 있다. 다른 나라의 성씨를 예로 들어 그린다면 〈그림1〉의 직선은 한국보다 엄청 천천히 감소하고, 〈그림2〉의 직선은 한국에 비해 엄청 빨리 증가해 '엄청' 다른 모양이 될 것이다. 여기서 '엄청 다름'의 의미는 그래프의 함수 꼴 자체가 다르다는 뜻이다(일본을 포함한 대부분의 다른 나라에서는 둘 모두 멱함수다. 한국의 경우 〈그림1〉은 지수함수, 〈그림2〉는 로그함수 꼴이다). "우리가 아는 아인슈타인 박사는 딱 그 한 사람이지만, 김 박사는 여러 명"이라는 말처럼 한국과 다른 문화권의 차이를 수학적으로 좀 더 정교하게 표현한 것이라고 생각하면 된다.

이처럼 독특한 한국의 성씨의 분포 모양은 과거에는 어땠을까. 과거의 성씨 분포를 살피는 것이 얼핏 어려울 듯 보이지만 불가능한 일도 아니다. 유서 깊은 집안의 족보를 살펴보면 된다. 물론 한 집안 족보에 기재된 남자는 당연히 성씨가 모두 같다. 하지만 족보에는 그 집안에 시집온 여자들의 생년 및 성씨 본관도 함께 기재된 경우가 많으니 이를 이용하면 된다.

몇몇 집안의 족보만 살펴봐도 몇백 년 전 성씨 분포를 미뤄 짐작할 수 있다. 〈그림3〉은 전산화된 족보 자료 10개를 이용해 그 집안들에

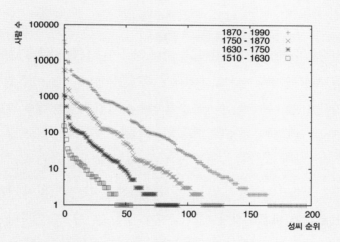

그림3 〈그림1〉과 마찬가지의 그림을 족보에 등재된 시집온 여자들의 성씨를 이용해서 시기별로 그려본 그림. 500년 전의 한국 성씨 분포도 지금과 같은 특성을 보여준다.

시집온 여자 수십만 명의 성씨 분포를 〈그림1〉과 같은 방법으로 그려 본 것이다. 과거로 거슬러 올라갈수록 족보에 기재된 사람 수가 적어서 그래프가 아래로 이동하긴 하지만, 그래프의 함수 꼴은 500년 동안 거의 변화가 없다는 것을 알 수 있다. 조선 초까지 거슬러 올라가도 성씨 분포는 지금과 비슷했다는 말이다.

❖

정리해보자. 한국의 성씨 분포는 예나 지금이나 다른 나라와 많이 다르다. 사람 수가 늘어나도 그 안에서 발견되는 성씨 수는 아주 천천히 증가하고, 김·이·박 같은 극소수의 성씨를 가진 사람이 매우 많으며, 상대적으로 나머지 성을 가진 사람 수는 적다.

그렇다면 한국은 왜 이처럼 다른 나라와 성씨 분포가 다를까. 아마 새로운 성씨가 만들어지거나 존재하던 성씨가 없어지는 일이 거의 생기지 않았기 때문일 것이다. "지금까지 위에서 이야기한 내용이 사실이 아니면 성을 갈겠다"라고 내가 말한다면 누구라도 그것이 무슨 뜻인지 이해한다. 우리 문화에서 '성을 간다'라는 것은 정상인이라면 거의 상상할 수도 없는 금기 사항이니까. 예나 지금이나 바로 이 특성이 한국의 성씨 분포가 다른 나라와 비교해 독특한 이유다.

성씨와 관련해 한국만의 독특한 면이 또 있다. 하나는 본관과 성씨를 합해 한 사람의 가계를 파악할 수 있다는 것이고, 다른 하나는 한국 사람은 서양과 비교해 이름이 무척 다양하다는 것이다.

4

업을까 잡을까?

확률로 본 윷놀이 필승 전략

요즘은 자주 보기 어렵지만, 내가 어릴 적에는 도시에서도 집 마당이나 공원에 멍석을 깔고 와자지껄 웃고 떠들며 윷놀이하는 사람들을 쉽게 볼 수 있었다. 편을 나눠 한 명씩 번갈아 윷을 던지면서, 윷가락을 낮게 굴리니 자꾸 모가 나온다고 상대방에게 불평하기도 하고, 절반이 넘어간 윷가락이 뒤집힌 것인지 아닌지를 놓고 한참을 흥겹게 옥신각신하기도 했다. 윷판에 말을 놓는 일은 경험 많은 연장자가 주로 맡았는데, 앞서 가는 상대 말을 빨리 따라잡아야지 왜 새 말을 놓느냐고 같은 편끼리 언성을 높이다가도, 막상 승패가 결정되면 모든 사람이 웃으면서 결과에 승복하곤 했다.

한국 사람이라면 누구나 아는 이 윷놀이는 우리 민족이 오래전부터 즐겨온 전통 놀이다. 사실 윷놀이할 때 말을 놓는 윷판은 요즘 많이 쓰는 네모 모양이 아니라 원모양이었다. 독립운동가이자 역사학자였던 단재 신채호 선생에 따르면 윷놀이의 '도', '개', '걸', '윷', '모'는 고조선 때 다섯 부족을 의미한다. 외부에서 침입한 적과 싸우러 나갈 때 왕을 배출한 부족을 가운데 두고, 네 부족을 둘러 배치한 진陣 모양을 본뜬 것이 바로 윷판이라는 것이다. 도, 개, 걸, 윷, 모는 각각 가축인 돼지, 개, 양, 소, 말을 뜻한다고 한다. 윷판에서 한 칸만 가는 도는 발걸음 느린 돼지를, 그리고 한 번에 다섯 칸을 훌쩍 가는 모는 말을 의미한다.

윷가락은 바닥에 떨어지면서 둥근 모양인 등을 보이거나 평평한 모양의 배를 보인다. 윷가락 하나가 배를 보일 확률을 p라 하면 간단한 수학 계산으로 도, 개, 걸, 윷, 모가 각각 어떤 확률로 나올지 어렵지 않게 알 수 있다.

다섯 가운데 가장 좋은 건 당연히 한 번에 가장 멀리 갈 수 있는 모다. 따라서 모는 도, 개, 걸, 윷, 모 중 가장 드물게 나오는 것이 맞다. 만약 $p=1/2$로 윷가락의 배와 등이 나올 확률이 같아지면 도와 걸, 그리고 윷과 모는 모두 똑같은 확률로 나오게 돼 우리가 보통 하는 윷놀이와 양상이 달라질 것이다. 윷놀이를 할 때는 보통 개나 걸이 자주 나오고, 모는 윷보다 드물게, 또 윷이 도보다 드물게 나오는 것이 그럴 듯하니 우선 $p=3/5$ 정도로 어림잡는 것이 적당하다. 즉, 그래프에서 보이듯 하나를 여러 번 던지면 다섯 번에 세 번꼴로 배를 보이는 것이 놀이에 적당한 윷가락이다.

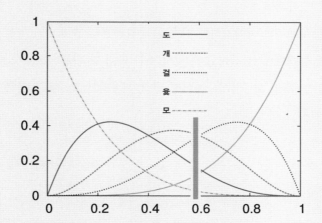

그림1 윷가락 하나를 던질 때 평평한 모양의 배가 나올 확률 p에 따라서 도, 개, 걸, 윷, 모가 각각 나올 확률을 그린 그림. 배가 등보다는 높은 확률($p>1/2$)로 나와야, 윷보다 모, 걸보다 도가 드물게 나와 보통 하는 윷놀이와 비슷하다. 또, 윷이 도보다 좋으니 도보다 드물게 나오는 것이 맞다면 $p<1/(1+4^{-1/3})=0.61351$이어야 한다. 윷놀이하기에 적당한 p값은 오렌지색 긴 네모로 표시한 부분이다.

이처럼 적절한 확률로 도, 개, 걸, 윷, 모가 나오는 윷가락으로 윷놀이를 하면, 놀이에 참석한 사람들의 실력은 별 의미가 없어진다. 상대편을 이기려면 윷가락을 던지는 실력보다 말을 놓는 전략이 중요해진다는 의미다. 최적의 전략을 세우는 것은 무척 어려운 문제다. 윷판에 놓인 우리편과 상대편 말의 위치를 보면서, 상당히 많은 경우에 대한 확률을 생각해야 한다.

내가 학생들과 이야기하다 갖게 된 궁금증은 윷판에 말을 놓는 전략 가운데 상대방 말을 잡는 것과 앞서 가는 자기 말 위에 새로운 말을 업는 것, 즉 '잡기'와 '업기' 중 어떤 전략이 승리할 확률을 높일까 하는 것이었다.

◆

몬테카를로는 카지노로 유명한 휴양 도시 이름이다. 지중해에 면한 작고 아름다운 나라 모나코에 있다. 사실 몬테카를로는 나 같은 통계물리학자에게는 무척이나 익숙한 이름이기도 한데, 컴퓨터를 이용한 수치 계산 방법에 바로 이 이름이 붙어 있기 때문이다. 몇 년 전 국제통계물리학회에 참석했다 학회 장소에서 멀지 않은 모나코를 방문해 성지순례하는 기분으로 몬테카를로 카지노 앞에서 단체 사진을 찍은 일도 있다. 정장을 입지 않아 복장 불량이란 이유로 카지노에 들어가지는 못했다(대규모 국제학회에 참석할 때도 정장을 말쑥이 차려입고 넥타이까지 매는 물리학자는 거의 없다).

어떻게 해서 과학자들의 계산 방법에 몬테카를로라는 엉뚱한 이름이 붙었을까. 어떤 프로 도박사도 매번 돈을 따지는 못한다. 이처럼 같은 일을 반복해도 매번 결과가 달라지는 문제에서는 원하는 결과가 나올 '확률'을 아는 것이 중요하다. 속임수를 써서 돈을 따는 나쁜 사람이 아니라면, 도박사들은 자신이 가진 패가 상대방을 이길 확률을 정확히 알아야 승부에서 이길 수 있다. 간단한 경우라면 계산이 쉽지만, 참여자가 여럿이고 매번 벌어지는 상황이 무궁무진한 복잡한 게임이라면 정확한 확률을 계산해내기 어렵다. 고등학교 수학 교과서에 나오는 한 줌밖에 안 되는 문제를 제외하면 현실에서 벌어지는 일의 확률을 정확히 계산하는 것은 대부분 불가능하다.

이럴 때 무엇을 해볼 수 있을까? 몬테카를로 카지노에서처럼, 주사위를 굴리거나 마구잡이로 카드를 섞어 게임하듯 무작위적인 수많은 경우에 대해 실험하고 그 결과를 이용해 확률을 계산하는 것이다. 컴퓨터는 이처럼 단순 무식한 일을 수없이 반복하기에 가장 적절한 장치다. 컴퓨터를 이용해 몬테카를로 방법으로 계산한다는 말은, 풀고자 하는 문제에 맞는 컴퓨터 프로그램을 만든 뒤 컴퓨터로 하여금 똑같은 일을 계속해서 마구잡이로 반복하게 하는 것을 뜻한다.

예를 들어보자. 바늘만 있으면 원주율(파이π)을 구할 수 있다는 말을 들어봤는가. '뷔퐁의 바늘Buffon's needle'이라 부르는 문제에서는 일정한 간격으로 금을 그은 종이 위에 마구잡이로 바늘을 던져서, 바늘이 금에 걸쳐지는 경우가 얼마나 되는지 세어 확률을 구한다. 이 확률을 이용하면 원주율을 구할 수 있다. 종이와 바늘 그리고 손으로 하는 몬테카를로 계산이라고 할까. (105-113쪽 참조) 프로야구 일정표를 가장 공정하게 짜는 방법에 대한 연구에서도 이 방법을 사용했다. 일정표를 이렇게 바꿔보고 저렇게 바꿔보는 마구잡이 과정을 수십만 번 반복한 뒤, 그중 가장 효율적인 일정표를 찾는 몬테카를로 방법을 이용한 것이다.

◈

눈치챘겠지만, 윷놀이를 할 때 잡기와 업기 중 어떤 전략을 쓰는 편이 더 유리할까에 대한 답을 얻기 위해 나와 공동연구자들(심하성, 박혜진, 조항현)이 택한 것이 바로 컴퓨터를 이용한 몬테카를로 방법이다. 계산상 편의를 위해 갈림길이 없는 윷판으로 단순화했다. 보통 쓰는 윷판에서 바깥쪽 네모 테두리 길만 따라간다고 생각하면 된다. 또 말이 많아지면 복잡해지기 때문에 한 편에 2개씩만 사용하도록 했다. 실제 윷놀이보다 단순하다는 한계가 있긴 하지만, 이 계산을 통해 업기와 잡기 두 전략 사이 의미 있는 승률 차이가 있음을 발견할 수 있었다.

사실 윷놀이에서 잡기와 업기는 상당히 다른 전략이다. 잡기가 업기보다 좀 더 공격적인 전략이다. 그에 반해 상대방 말을 잡을 수 있을 때조차 같은 편끼리 '업고' 가는 것을 선호하는 업기는 평화적인 전략이다.

컴퓨터를 이용해 무려 10억 번 계산한 끝에 얻은 결과를 바탕으로 내가 전하고자 하는 조언은 간단하다. 일단 윷놀이는 상대편보다 먼저

시작하는 것이 유리하다. 업기와 잡기 중에서 고민이 될 때는 상대편
말을 잡는 것이 낫다.

5

'알 수도 있는 사람' 정말 아시나요?

점과 선으로 그린 나와 세상의 관계

친구와 함께 걷다 우연히 아는 사람을 만나는 경우가 있다. 가끔은 나와 함께 걷던 친구도 마주친 사람을 알고 있어 깜짝 놀라기도 한다. 마주친 직장 동료가 함께 걷던 친구 여동생의 초등학교 동창인 식이다. 이런 일이 생기면 우리는 "세상 참 좁다. 그치?"라며 감탄하곤 한다. 옆 연구실을 쓰는 동료 교수는 나의 고등학교 동창과 같은 교회에 다니고, 나와 물리학과에서 함께 공부했던(사실 함께 당구를 친 기억이 더 많은) 한 교수는 내 동생 남편의 가까운 친척이다. 이런 예는 글을 읽는 누구에게나 있을 것이다. 아무리 놀라운 일이라도 자주 생긴다면 거기에는 분명히 이유가 있다. 과학적인, 따라서 이해할 수 있는.

휴대전화를 꺼내 전화부에서 최근 몇 년간 한 번이라도 통화한 지인이 얼마나 있는지 세어보라. 마당발 정치인이 아니라면 아무리 많아도 몇백 명을 넘지 않을 것이다. '던바Dunbar의 수'라고 부르는 것이 있다. 인간을 포함한 영장류 한 종이 사회관계를 유지하는 집단 크기를 뜻한다. 흥미롭게도 이 수는 각 영장류의 뇌 크기와 밀접한 관계가 있다. 인간의 '던바의 수'는 약 150명이다. 휴대전화에서 세어본 지인 수와 크게 다르지 않을 것이다. 우리는 매일 온라인 공간에서 수많은 사람을 만나지만, 한 사람 한 사람이 맺는 의미 있는 사회관계의 수는, 여전히 뇌의 크기라는 어쩔 수 없는 생물학적 요인과 밀접한 관계가 있다는 점이 흥미롭다.

편의상 이 수가 누구에게나 100명이라고 가정하자. 나는 사람 100명에게 소식을 직접 전할 수 있다. 그리고 내가 아는 100명도 마찬가지로 각자 100명의 사람에게 소식을 직접 전할 수 있으니, 두 다리만 건너면 내 소식은 1만 명에게 전달된다. 세 다리면 그 100배가 돼 100만 명이, 네 다리면 1억 명이 내 소식을 접할 수 있다. 한국 사람은 모두 내 소식을 듣게 되는 셈이다.

나와 연결되는 '다리'가 하나, 둘, 셋 이렇게 하나씩 늘어날 때마다 내가 소식을 전할 수 있는 사람 수는 100배씩 커진다. 이 이야기를 뒤집으면 100, 1만, 100만, 1억 하는 식으로 사람 수를 100배씩 크게 하면 그 사람들을 나와 연결하는 중간 다리는 단 하나씩만 늘어난다는 이야기가 된다. 100배당 달랑 한 칸씩.

'좁은 세상 효과small-world effect'라고 표현하는 이 현상은 세상을 함께 살아가는 수많은 사람이 막상 알고 보면 중간 다리 몇 명만 넣으면 서로 연결된다는 것을 뜻한다. 이런 일이 생기는 이유는 앞에서 설명한 바와 같다. 사람을 연결하는 중간 다리를 한 칸, 두 칸씩만 늘려도 연결할 수 있는 사람 수가 아주 급격히 늘어나기 때문이다.

◆

미국에서는 평균적으로 다섯 다리만 건너면 임의로 택한 두 사람이 연결된다는 실험 결과도 나왔다. 1960년대 행한 이 실험 방식은 이렇다. 최종적으로 받을 사람 이름만 적은 편지를 서로 직접적으로 아는 사람끼리만 전달하는 것이다. 이렇게 몇 다리를 거쳐야 편지가 최종 수취인에게 전해지는지를 실제로 조사했다.

미국에서 다섯 다리라면, 세계적으로는 여섯 다리면 된다. 왜 그럴까. 실험에 사용된 편지를 처음 받은 사람이 미국인이 아니라 나 같은 한국인인 경우를 생각해보자. 나는 미국에 아는 사람이 있다. 아마 독자 중에도 미국에 친척이나 친구가 한두 명쯤 있는 사람이 많을 것이다. 내가 편지를 맨 처음 받았다면, 그 편지를 최종 수취인이 사는 미국의 한 지인에게 전달했을 것이다. 이후 미국 내에서 평균 다섯 다리니, 나도 통틀어 여섯 다리면 그 편지를 최종 수취인에게 전달할 수 있다. 미국에 지인이 없는 독자가 그 편지를 받았다면 나에게 주면 된다. 기껏해야 한 단계 늘어난 일곱 다리면 전달된다. 세계 어느 나라에서 시작하더라도 지구상 두 사람은 평균 예닐곱 다리면 서로 연결될 수 있다는 뜻이다.

세상물정의 물리학

한국에서도 이런 실험을 한 적이 있다. 한 신문사가 김용학 연세대 사회학과 교수와 함께 평균 3.6다리만 건너면 두 사람이 연결된다는 조사 결과를 발표했다. 나도 한 대학에서 학생들이 평균 두 다리만 건너면 서로 연결된다는 것을 확인했다.

'좁은 세상 효과'는 이처럼 한국 사회에 사는 두 사람이 놀랍도록 적은 다리 수로 연결된다는 점을 보여주며, '내 친구 둘은 서로 친구인 경우도 많다'라는 것을 함께 의미하는 말이다. 이 때문에 앞서 이야기한 내 친구 100명의 친구를 모두 더하면 1만 명보다는 상당히 적을 것이다. 친구들이 많이 겹치니까.

〈그림1〉은 사회연결망social network 서비스인 페이스북에서 내 친구들이 어떻게 서로 연결됐는지를 보여준다. 커다란 원모양 둘레에는 나의 페이스북 친구들이 하나씩 늘어서 있다. 원 위에 두 친구를 연결하는 선이 있으면 그 두 친구가 또 서로 페이스북 친구라는 뜻이다. 그림을 보면, 내 친구들끼리 서로 친구인 경우가 많다. 다시 말해 누군가의 직장 동료가 친구의 동생의 초등학교 동창일 수 있는 이유는 사회연결망이 가진 '좁은 세상 효과' 때문이다.

연결망 혹은 네트워크는 사실 별것 아니다. 많은 점을 선으로 이은 것일 뿐이다. 물론 어떤 '점'을 어떤 의미의 '선'으로 이었는지에 따라 사람 사이의 사회관계를 보여주는 사회연결망일 수도, 수많은 컴퓨터가 네트워크 케이블로 연결된 인터넷일 수도 있다. 〈그림2〉에 있는 작은 동그라미는 각각 사람을 나타내고, 이들 사이 '관계'는 동그라미를 잇는 연결선으로 표현돼 있다. 그림에 있는 연결망이 대체 어떤 사람

Beom Jun Kim

그림1 내 페이스북의 친구 관계. 선으로 연결되어 있는 내 친구 둘은 둘이 또 서로 친구 관계이다.

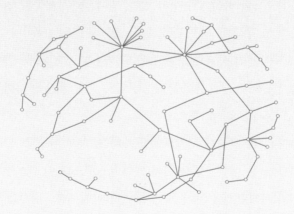

그림2 페터 홀메 교수가 만든 연결망. 이 연결망 그림에서 작은 동그라미 점들은 사람들을, 연결선은 사람들 사이의 어떤 '관계'를 의미한다.

세상물정의 물리학

을 어떻게 연결한 것인지, 즉 두 사람을 잇는 '관계'의 의미가 무엇일지 한번 대답해보라.

이 질문을 듣자마자 쉽게 답할 수 있는 사람은 사실 많지 않다. 첫 번째 도움말. 그림을 가만히 쳐다보면 점들이 사각형 모양으로 이어져 있지만, 아무리 살펴봐도 삼각형은 찾을 수 없다. 또 육각형은 있지만 오각형도 칠각형도 없다. 즉, 그림에 짝수각형 모양만 보이지 홀수각형 모양은 눈을 비비고 찾아도 보이지 않는다. 무슨 뜻일까.

연결망의 한 점을 택해 빨간색으로 칠하고 그 빨간색 점에 다리 하나로 직접 연결된 점은 파란색으로, 또 그 파란색 점에 연결된 점을 다시 빨간색으로…, 이렇게 계속 다리를 하나씩 건널 때마다 번갈아가며 칠한다고 생각해보자. 이렇게 직접 선으로 연결된 두 점에 빨강과 파랑 두 색을 입히는 경우, 네 개 선으로 연결된 사각형의 네 점은 문제없이 색칠할 수 있다. 네 점 가운데 하나에 빨간색을 칠하고 그 점과 직접 선으로 연결된 두 점에는 각각 파란색을 칠하고, 남은 한 점에는 빨간색을 칠하면 된다. 이렇게 하면 빨간색과 직접 연결된 점은 둘 다 파란색이고, 파란색과 직접 연결된 점은 또 둘 다 빨간색이 돼 점을 잇는 연결선은 다른 색깔 점 사이에만 있게 된다.

삼각형이라면 어떤 일이 생길까. 한 점을 빨간색으로 칠하고 나머지 두 점을 파란색으로 칠하면, 빨간색 점은 친구 둘 모두 파란색이니 행복하지만 같은 상황에서 파란색 점은 빨간색 친구뿐 아니라 파란색 친구도 생겨 불만을 가질 법하다. 가만히 생각해보면 홀수각형의 경우 이처럼 '연결된 두 점을 다른 색깔로 칠하기'가 불가능하다는 것을 쉽게 이해할 수 있다.

홀수각형이 하나도 없는 〈그림2〉의 연결망은 모든 점을 빨강과 파랑 두 가지 색으로 나눌 수 있고, 두 점을 잇는 연결선은 빨강-파랑처럼 서로 다른 색깔을 가진 점들 사이에만 있지 빨강-빨강, 파랑-파랑처럼 같은 색깔을 가진 점 사이에는 없는 구조를 보여준다.

〈그림2〉의 연결망은 사람을 두 그룹으로 나눌 수 있고, 서로 상대 그룹에 있는 사람들하고만 연결선이 있는 그런 연결망이 된다. 이제 많은 독자가 답할 수 있을 것이다. 맞다. 〈그림2〉는 바로 남녀관계 연결망이다. 위의 글에서 남자를 빨강으로, 여자를 파랑으로 바꿔 읽어보길 바란다.

〈그림2〉의 연결망은 내가 외국에 있던 시절 박사과정 지도 학생으로 처음 만났고, 현재는 나와 같은 한국 대학에서(세상 참 좁다) 교편을 잡고 있는 페터 홀메Petter Holme 교수가 만들었다. 영화 스타 사이의 '언론에 공개된 적 있는 남녀관계' 연결망이다. 그림에 만약 삼각형이 있었다면 어떤 의미였을지 상상해보라.

그림 속 연결망에서 눈에 띄는 사각형 모양(네 명)의 남녀관계는 일일연속극이라면 모를까, 우리 주변에서 흔히 볼 수 있는 관계는 아니다. '내 전처의 지금 남편이 내가 재혼해서 함께 사는 지금 아내의 전남편'이 된 경우, 즉 '두 쌍 부부 사이의 배우자 뒤바꿈'에 해당한다. 마찬가지로 미국 한 고등학교 남녀관계 연결망을 조사한 연구가 있다. 고교생 288명의 18개월간 남녀관계 연결망에서는, 앞서 나온 유명 배우들과는 달리 사각형이 하나도 없었다.

지금까지 연결망 그림에서 한 점이 다른 점과 어떻게 연결됐는지 찬찬히 살펴보는 것만으로도 흥미롭고 다양한 결론을 얻을 수 있었다. 〈그림2〉가 남녀관계 연결망이라는 것, 영화 스타 사이의 남녀관계는 삼각형은 안 보이지만 사각형은 흔해서 일반인의 남녀관계 연결망과는 그 특성이 다르다는 점 등을 알게 되었다.

　　이처럼 연결망을 만든 다음 점과 선이 어떻게 연결되는지만 눈여겨봐도 할 수 있는 이야기가 많다. 현재 많은 학문 분야에서 '연결망으로 보기' 연구가 크게 유행하는 이유다. '망치를 잡고 있으면 모두 다 못으로 보인다'라는 영어 속담이 있다. 속담에서 경고하듯 모든 현상을 다 '연결망'이라는 망치로 내리치다가는 '선무당이 사람 잡듯' 큰코다칠 수 있다는 점을 항상 조심해야 하지만. 어쨌든 '연결망' 망치를 손에 쥐었으니 여기저기 살살 두드려는 볼 일이다.

6

영자의 전성시대, 굳세어라 금순아

네트워크로 본 이름의 유행 변천사

한국인의 '성씨'는 세계에서 유례없이 독특하다. 한국은 다른 나라와 달리 성씨 수가 매우 적고 김·이·박 등 일부 성씨에 몰리는 정도가 외국과 비교할 수 없을 정도로 심하다는 사실을 설명했다(120-128쪽 참조). 성씨는 영어로 가족 이름family name이다. 말 그대로 한 가족을 다른 가족과 구별하는 호칭이다. 한국의 경우 같은 성씨를 가진 사람이 너무 많아 이런 '구별 짓기'가 쉽지 않다. 길을 걷다 우연히 마주치는 사람 열 명 중 두세 명은 김씨일 텐데, 이들이 다 한 가족이겠는가. 이런 이유로 한국에서는 성씨뿐 아니라 본관을 사용하고, 같은 성씨 본관을 가진 사람이 많은 경우에는 조상 가운데 한 분을 기준으로 삼아 '누구 누구 파' 같은 세부 분류를 사용한다. 세부정보까지 모두 포함한다면 한국의 성씨 분포 역시 외국과 크게 다르지 않을 것이다.

상대성이론으로 알려진 앨버트 아인슈타인 말고 다른 아인슈타인을 아는 사람이 있는가. 아마 없을 것이다. 마찬가지로 뉴턴, 호킹, 오바마 등 우리가 아는 서양 유명인은 대부분 성씨만 이야기해도 누구를 일컫는지 알 수 있다(과학자 갈릴레오는 예외. 갈릴레오는 이름이고 성은 갈릴레이지만 책에서 대부분 갈릴레오라고 이름만 쓴다. 왜 그럴까. 궁금해도 잠깐만 기다리길).

반면 한국에서는 '김 여사'나 '김 박사'라고 하면 대체 누구를 가리키는지 전혀 알 수 없다. '김 박사'가 '로보트 태권브이'를 만든 그 김 박사인지, 아니면 이 글을 쓰는 김 아무개인지 어떻게 알겠는가. 독특한 운전 실력으로 유명인이 된 '김 여사'도 가장 흔한 성씨인 '김'을 붙여 그 대상을 불특정 다수로 만든 말이다. "오늘 출근길에 김 여사를 봤어"라는 문장에 '김' 대신 한국의 희귀 성씨를 하나 넣어보라. '김 여사'의 그 어감이 느껴지지 않는다. 사람들이 왜 하필 '김' 여사라고 하는지 이유를 알 수 있다.

이름first name은 어떨까. 펜으로 직접 작성하는 서류 가운데 기입 실수로 폐기되는 것을 모두 모아보면, 아마도 한국에서 가장 많이 태어나고 결혼하고 이사하고 예금통장을 만드는 사람의 이름은 '홍길동'이 아닐까 싶다. 한국에 홍길동이 있다면 미국에는 'John Doe'가 있다. 내가 어렸을 때는 영어 알파벳을 중학교에 입학하고서야 배웠다. 그때 처음 펼친 영어 교과서에도 존John은 수시로 등장했다. 이처럼 존, 피터 같은 이름은 상당히 흔하다. 내가 직접 만난 물리학계 '피터'만도 언뜻 떠오르는 사람만 너덧 명이다. 반면 홍길동의 이름 '길동'은 〈아기공룡 둘리〉에 나오는 '고길동' 아저씨 말고는 주위에서 본 적이 없다.

우리는 한 사람을 다른 사람과 구별할 때 성과 이름을 함께 사용한다. 그렇게 생각하면 성씨가 별로 다양하지 않은 한국은 이름이 다양하고, 성씨가 다양한 서양에서는 이름이 다양하지 않아도 된다는 사실을 쉽게 이해할 수 있다.

◈

〈영자의 전성시대〉라는 영화가 있다. 지금도 물론 '영자'라는 이름이 있겠지만 과거처럼 흔히 쓰는 이름은 아니다. 내가 가진 전산화한 족보 자료 10개를 이용해 여자 이름이 어떻게 변화해왔는지 살펴봤다. 아쉽게도 20세기 이전 족보 자료에는 시집온 여자의 성과 본관은 기입돼 있지만, 이름이 적힌 경우는 드물어 1900년 이후로 기준을 삼았다. 이렇게 모은 데이터에서 가장 유행한 상위 40개 여자 이름을 모으고, 이 이름들이 시간이 지나면서 어떻게 변하는지 평균을 내 그린 것이 〈그림1〉이다.

〈그림1〉에서 가로축은 해당 이름이 가장 유행한 시점을 0으로 놓고 구한 시간이다. 음(-)의 값은 가장 크게 유행한 시점 이전이라는 것을 뜻한다. 유행 50년 전쯤부터 그 이름을 사용하는 사람이 조금씩 늘어나다 10~20년 전부터 급격히 늘고, 가장 유행한 시점을 거쳐 30년 정도가 지난 뒤에도 상당수 사람이 그 이름을 사용한다는 것을 알 수 있

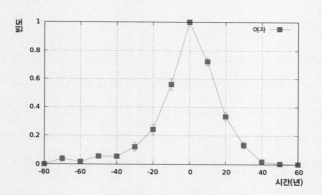

그림1 과거 가장 유행했던 여자 이름 40개의 시간에 따른 평균 빈도 변화 그래프. 이름이 가장 유행했던 시점을 시간=0, 그때의 빈도를 1로 놓았다. 이름의 사용 빈도가 절반이 될 때까지 15년 정도(이름의 반감기)가 걸리는 것을 볼 수 있다.

다. 그래프를 보면 유행하는 이름의 반감기(절반이 될 때까지 걸리는 시간)는 15년 정도다. 한 세대를 30년 정도로 생각하니, 이름 유행에 관여하는 시간의 척도scale는 반 세대인 셈이다.

'이름'에 대한 연구가 재미있는 이유는 '이름'은 그 특성상 '다른 사람과 달라야 하지만, 동시에 너무 다르면 안 되기' 때문이다. 이것이 무슨 말일까? 일반적으로 사람들은 어디선가 들어본 듯한 익숙한 이름, 하지만 주변에 쓰는 사람이 없는 이름을 선호한다. 이런 특성으로 인해 이름의 유행은 〈그림1〉 같은 모양을 갖게 된다.

〈그림2〉는 과거 100년 정도의 기간에 가장 많이 등장한 여자 이름 100개를 선택한 뒤 시간 흐름에 따라 각 이름의 사용 빈도가 어떻게 변하는지를 그리고, 이렇게 그린 그래프 모양이 가장 비슷한 이름끼리 선으로 연결한 것이다. 이렇듯 다양한 대상에 대해 그 안의 구성 요소가 어떻게 상관관계를 맺는지 연구하는 방식은 요즘 많은 학문 분야에서 각광받고 있다. 〈그림2〉로 돌아가 보자. 여기서 선으로 연결된 두 이름은 비슷한 시기에 비슷한 정도로 유행했다고 보면 된다. 나의 연구 그룹에 속한 대학원생인 이일구, 이미진이 그린 이 그래프를 자세히 살펴보면 상당히 흥미롭다. 먼저 '영자'를 찾아보면 1950이라는 연도가 붙었는데, 이는 '영자'가 신생아 이름으로 가장 유행하던 시기가 1950년임을 의미한다. 〈영자의 전성시대〉가 1975년 개봉한 점을 감안하면, 영화 속 '영자'는 꽃다운 나이인 25세 정도였을 것이다. 1950년대에 유행한 이름 '춘자', '영자', '옥순', '복순', '금순'은 1960년대 들면서 '영희', '정옥', '혜숙' 등에 자리를 물려주고 역사의 뒤안길로 사

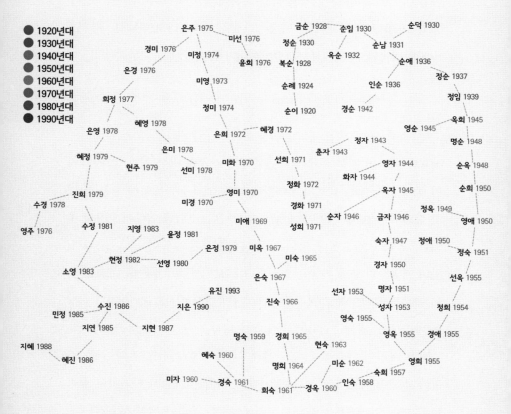

그림2 한국에서 과거 유행했던 여자 이름 100개의 연결망 구조. 선으로 연결되어 있는 이름은 유행했던 시점이 비슷한 이름들이다. 모든 이름들을 닫힌 고리loop모양 없이 적은 수의 선들만으로 빠짐없이 연결하는 '최소 걸침 나무minimum spanning tree'를 구해서 그린 그림이다. 이름 옆의 숫자는 그 이름이 가장 유행했던 시기를 의미한다.

라진다. '은숙', '현숙', '경숙', '미경' 등 1960년대 중·후반의 이름은 나와 비슷한 연배여서인지 무척 익숙하게 들린다. 이후 '은주', '경미' 등의 1970년대와 '민정', '수진', '지은' 등의 1980년대를 지나면, 1990년대에는 '민지', '은지' 전성시대가 온다.

◈

성씨나 이름에 관한 연구를 사람들에게 소개한 적이 있다. 한번은 강연 중에 한국 성씨 분포의 독특함에 대해 짧게 설명했는데 청중 한 명이 강연 후 나에게 "재미있게 잘 들었습니다. 그런데 어디에 응용할 수 있나요?"라고 질문했다. 나의 이런 이색 연구가 지금이나 앞으로나 일말의 기술적인 응용 가능성이 있으리라고는 생각지 않는다. 그래도 나는 이것도 과학이라고 생각한다. 과학은 '대상'이 아니라 우리가 대상을 바라보는 '방법'을 의미한다고 믿으니까.

많은 사람이 과학과 기술을 합해 '과학 기술'이라 부른다. 나는 과학은 기술이 아니라고 생각한다. 아니, 과학은 기술이 아니어야 한다고 믿는다. 아인슈타인의 일반상대성이론은 우리가 매일 사용하는 위성항법장치GPS 기술을 가능하게 하는 이론적 기반이다. 아인슈타인이 일반상대성이론을 연구한 '이유'가 수십 년 뒤 GPS에 응용하기 위해서였을까. 많은 과학자로 하여금 매일 설레는 가슴으로 연구실, 실험실로 향하게 만드는 것은 '이걸 연구해 나중에 어떻게 응용할 수 있을까'라는 고민만은 아니다.

미안하지만, '내가 이 연구로 노벨상을 받아야지' 하는 마음이 있는 것도 사실 아니다. 한국 사람이 노벨상 받기를 염원하는 마음은 나도 어느 누구 못지않다. 그럼에도 왜 과학을 하느냐고 묻는다면, 내가 많은 과학자를 대신해 할 수 있는 대답은 "그냥 아침에 연구실, 실험실에 갈 생각을 하면 가슴이 설레기 때문"이다.

이 글에서 여자 이름만 다룬 이유는, 사용한 자료가 10개 집안의 족보인데 남자 이름은 소위 '돌림자' 영향으로 한국의 전체 남자 이름을 대표할 수 없다고 판단했기 때문이다. 〈그림2〉에서 1992년을 마지막으로 더는 여자 이름이 없는 이유 역시 갖고 있는 자료가 미흡하기 때문이다. 이처럼 기본 자료를 구하기가 어려워 중단하는 연구 아이디어가 많다. 혹시 어딘가 도움을 줄 수 있는 분이 나타났으면 좋겠다. 개략적인 출생지 정보가 함께 있다면 이를 이용해 서로 다른 지역의 이름 변천사도 살펴볼 수 있을 것이다. 예를 들어 '영자'라는 이름이 1930년대 강원도에서 시작해 충청도를 거쳐 서울로 전파됐다는 식의 이야기를 할 수 있게 된다면 무척 재밌을 것 같지 않은가.

서양에서는 친한 사람끼리 서로 성을 뺀 이름만 부른다. 하지만 우리가 아인슈타인은 성을, 갈릴레오는 이름을 부르는 이유가 아인슈타인과는 덜 친하고, 갈릴레오와는 더 친해서는 아니다(사실 갈릴레오의 역학이 아인슈타인의 일반상대성이론보다 배우기가 쉽긴 하다. 물리학 체계의 바탕이 된다는 점에서 중요성은 뒤질 것이 없지만).

갈릴레오가 살던 당시 이탈리아에서는 성씨 사용이 아직 정립되지 않아 사람들은 자신을 칭할 때 주로 이름만 말하거나(갈릴레오처럼) 이름 뒤에 어디 출신인지를 붙였다. 예를 들어 레오나르도 다빈치는 '빈치' 지역 출신 레오나르도라는 뜻이다. 이후 이탈리아에 성씨 사용이 정착한 뒤 비로소 갈릴레오의 이름은 공식적으로 '갈릴레오 갈릴레이'(이름+성씨)가 된 것이다. 우리가 그를 보통 갈릴레오라고 부르는 이유는 그가 자신을 그렇게 칭했기 때문이고.

7

소심한 A형이라서 시작한 연구
혈액형과 성격의 상관관계

서점에서 서가를 둘러보면 눈에 잘 띄는 위치에 여전히 상당히 많은 종류의 혈액형 관련 서적이 자리한 것을 볼 수 있다. 'O형 여자가 A형, O형, B형, 그리고 AB형 남자에게 끌릴 때', 'A형 자기설명서' 등이 그것이다. 한때는 'B형 남자' 담론이 크게 유행했다. 혈액형이 B형인 남자는 특정한 성격 유형을 지녀 사회생활이나 남녀관계에 문제가 있을 수 있다는 내용이었다. 이런 속설을 반영한 〈B형 남자친구〉라는 영화까지 개봉했다. 고객의 혈액형 정보를 이용해 특화된 마케팅을 펼치겠다는 회사가 있고, 신입사원의 부서배치에 혈액형을 이용하는 회사도 있다고 들었다. 한 사람의 혈액형과 성격 사이에 밀접한 상관관계가 있다는 가설은 한국 사람 대부분에게 상식이 된 듯하다.

정말 그럴까. 한 인간이 갖는 다양한 생물학적 정보 가운데 아주 단순한 부분인 혈액형이라는 정보가 정말 개인의 '성격'이라는 다면적 면모를 설명할 수 있을까. 어느 날 저녁식사 자리에서 아내와 웃으며 시작한 논의는 금세 열띤 논쟁이 됐다. 나의 사랑하는 아내가(심지어 물리학자의 아내가!) 혈액형이 성격에 영향을 미친다고 이야기하는 데 충격을 받은 나는, 그렇지 않다는 사실을 과학적, 객관적으로 입증하는 일이 과학자의 책무라고 느꼈다. 사실 과학자 사회에서는 너무 당연하게 여기는 이야기라 별 관심이 없겠지만.

◈

먼저 결혼한 남녀의 혈액형에 특정 패턴이 있는지 살펴보기로 했다. 간단한 설문지를 배포하고 온라인에 입력창을 만들어 자료를 모았다. 이를 통해 얻은 결과가 〈표1〉이다. 전체 377쌍 부부 가운데 남편, 아내 모두 A형인 부부는 40쌍, 둘 다 AB형인 부부는 단 두 쌍뿐이다. 그렇다면 AB형 남녀는 서로 싫어하는 경향이 있는 것일까. 결코 아니다. 한국인 혈액형 분포에서 AB형은 약 11%에 지나지 않는다. 10명 중 1명 정도만 AB형이기 때문에 부부 모두가 AB형인 경우는 확률적으로 약 0.1×0.1=0.01이 돼 100쌍 중 한 쌍이 나온다.

〈표1〉 괄호 안 숫자는 377쌍 부부가 혈액형에 상관없이 배우자를 고를 경우 맺어질 것으로 예상되는 부부 수다. 남자 A형 비율은 113/377, 여자 A형 비율은 124/377이므로, 부부가 모두 A형인 부부는

	여자 A형	여자 B형	여자 AB형	여자 O형	합계
남자 A형	40 (37.2)	33 (31.5)	15 (11.1)	25 (33.3)	113
남자 B형	36 (38.2)	30 (32.3)	8 (11.4)	42 (34.2)	116
남자 AB형	11(14.5)	13 (12.3)	2 (4.3)	18 (13.0)	44
남자 O형	37 (34.2)	29 (29.0)	12 (10.2)	26 (30.6)	104
합계	124	105	37	111	377

표1 부부 377쌍의 혈액형 분석(단위: 명)

$(113/377) \times (124/377) \times 377$로 37.2%가 된다. 실제 결과가 40쌍이니, 배우자 혈액형이 결혼을 결정하는 데 별다른 영향을 미치지 않는다고 보는 것이 옳다. 이처럼 각 칸에서 괄호 안 숫자와 괄호 밖 숫자 사이에 큰 차이가 없다면 혈액형과 결혼 사이에 큰 연관관계가 없다는 뜻이 된다. 우리가 배우자를 선택할 때 성격을 중요하게 고려한다는 점을 감안할 경우, 남편과 아내의 혈액형 사이에 특별한 관련성이 없다는 것은 혈액형과 성격 역시 별 관계가 없다는 사실을 간접적으로 보여주는 증거라 할 수 있다. 남녀가 사랑에 빠지면 눈이 먼다고 하는데 상대방 혈액형이 대수겠는가.

조사를 마친 뒤 어느 날 또 다른 생각이 떠올랐다. 성격 유형을 판별하는 심리검사 결과와 혈액형의 관계를 살펴보면 좀 더 직접적으로 혈액형과 성격의 관계를 파악할 수 있지 않을까 하는 것이었다. 이 연구를 위해 한 대학의 심리상담센터에서 무료로 시행하는 MBTI^{The Myers-}

Briggs Type Indicator 심리검사지 문항에 혈액형 항목을 넣어달라고 부탁했다. 그렇게 익명의 대학생 851명에 내 것까지 포함해 총 852명의 심리검사 자료를 모아 분석했다. 결론은 성격과 혈액형은 관계가 없다는 것이다(통계학적으로 좀 더 정확히 표현하면 '둘 사이에 관계가 없다는 귀무가설歸無假設을 기각할 수 없다').

단 한 경우의 예외만 빼고는. 그 예외에 해당하는 것이 아주 흥미롭게도 바로 B형 남자였다. 여기서 얻을 수 있는 과학적인 결론은 둘 중 하나다. "B형 남자만 혈액형과 성격이 관계가 있고 다른 모든 경우(A형 여자, AB형 남자 등)는 관계가 없다"라는 것이 하나이고, 다른 하나는 "모든 경우에 혈액형과 성격은 관계가 없다. 단, B형 남자의 경우는 당시에 유행하던 B형 남자 담론의 영향을 받아 심리검사 결과가 편향되었다"라는 것이다.

언뜻 생각해도 첫 번째는 받아들이기 쉽지 않은 결론이다. B형 남자가 무엇이 특별하다고 이들만 성격과 혈액형이 관계가 있겠는가? 두 번째가 진실일 가능성이 더 크다. 심리학 분야에서는 이미 자신이 스스로를 어떻게 생각하는지에 의해 검사 결과가 왜곡될 수 있음이 잘 알려져 있으며(확증편향confirmation bias의 한 형태), 이로 미루어 판단하면 조사 결과에서 B형 남자에 대한 결과가 시사하는 것은 사실 이들이 "B형 남자 담론"의 피해자라는 것이다. B형 남자는 이러이러하다는 사회적 낙인이 내면화되어 이것이 심리검사 결과에 영향을 주었다는 것이다.

과학자 사회에서는 'publish or perish'(논문을 출판하거나 그렇지 않으면 소멸하거나)라는 말을 널리 쓴다. 논문은 학계에서 과학자의 거의 유일한 존재 형태이며, 따라서 논문을 쓰지 않는 과학자는 스스로 존재하기를 그만둔 사람이다. 연구하면 논문을 써야 한다. 혈액형과 성격의 관계에 대한 연구를 마치고 이를 논문 형태로 마무리할 생각을 하니 눈앞이 캄캄했던 기억이 난다.

이 고민에서 시작해 추가 연구를 하게 됐다. 혈액형 분포를 이용해 세계 각 나라 사이의 관계를 측정하는 연구였다. 구체적으로 설명하면 다음과 같다. 혈액형 A, B, AB, O형 비율은 나라마다 다르다. 한국은 각각 34%, 27%, 11%, 28%다. 이 비율이 한국과 많이 다른 나라는 '혈액형 거리'가 먼 것으로 상정한다. 분포 비율이 비슷한 나라는 거리가 가까운 것으로 본다. 이렇게 하면 세계 모든 인종 집단 사이의 혈액형 거리를 정의할 수 있다. 이를 통해 각 나라가 어떤 관계를 맺었는지 파악할 수도 있다. 그 내용을 보기 쉽게 그린 것이 〈그림1〉이다. 루마니아, 체코 같은 동유럽 국가는 오른쪽 위, 서유럽 국가는 왼쪽에 있으며, 한국은 왼쪽 아래 중국 가까이에 있다.

마찬가지 방법을 한국의 혈액형 분포에 적용한 것이 〈그림2〉이다. 사실 이 조사에서 한국은 매우 연구에 유용한 나라인데, 남자뿐이긴 하지만, 표본조사가 아닌 남자들 전체의 전수조사 결과가 있기 때문이다. 다름 아닌 징병 신체검사. 공개된 징병검사의 혈액형 검사 결과를 이용해 마찬가지의 그림을 그리면 된다. 제주도와 강원도가 다른 지역과 떨어져 있긴 하지만, 두 지역의 혈액형 분포가 다른 지역과 아주 많이 다른 것은 아니다. 다른 지역 사이의 관계보다 조금 약할 뿐이다.

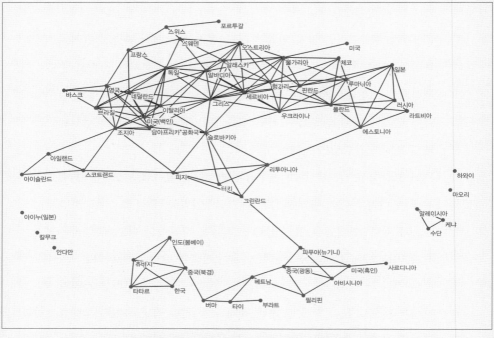

그림1 세계 인종집단간 혈액형 거리를 이용해 만든 연결망

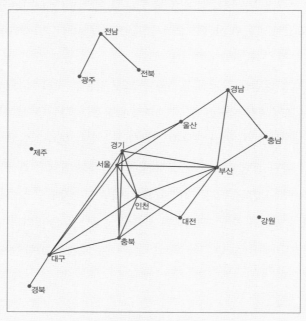

그림2 한국인의 혈액형 연결망

한국의 사기업 25%는 입사지원서에 혈액형 항목을 갖고 있고(대체 왜 혈액형 정보가 필요할까. 응급 시 수혈을 위한 것이길 진심으로 바란다), 특정 혈액형을 가진 사람은 아예 지원할 수 없다고 명시한 기업도 실제로 있었던 것으로 안다. 혈액형에 따라 사람을 구별하는 것은 구별이 아니라 차별이다. 사라져야 한다.

마지막으로 보태자면 혈액형과 성격의 관계, 혈액형 분포를 통한 세계 각 나라의 연결망 분석에 대한 연구는 결국 논문으로 출판됐다. 연구주제를 정하는 데 아내의 기여가 상당히 컸으므로 논문 마지막 감사의 글에서 아내를 언급했다. 지금까지는 이 논문이 내가 낸 논문 가운데 아내 이름을 활자화한 단 하나의 논문이다. 출판된 논문을 본 아내가 한마디했다.

"에고, A형이니까 이런 연구나 하지."

Acknowledgments

B.J.K. acknowledges Yuni Son for providing the initial motivation of the work.

8

우측통행이 정답이라고?

보행자 문제, 해답은 밀도야

지하철역에서 내려 많은 사람들로 복작거리는 통로를 지나간다. 마주 오는 사람과 정면으로 맞닥뜨리게 되면 어떻게 할까. 내가 오른쪽으로 살짝 피할 때 마주 오는 사람도 자신의 오른쪽으로 살짝 움직인다면 다행이지만, 만약 그 사람이 자신의 왼쪽으로 움직이면 다시 나와 얼굴을 마주하게 된다. 지하철역의 환승 통로나 사무실 밖 복도에서 누구나 겪어봤을 법한 일이다. 어떨 때는 같은 방향으로 두세 번 이상 마주치기도 한다. 내가 가만히 있으면 상대방이 피해가겠거니 하고 가만히 서면 마침 상대방도 같은 생각인지 쑥스럽게 웃으면서 내 얼굴만 쳐다본다. 비슷한 상황은 영화관에서도 있다. 내가 앉은 좌석의 팔걸이에는 음료수가 든 용기를 둘 수 있는 구멍이 양쪽 모두에 있다. 내

콜라는 왼쪽에 둬야 할까, 오른쪽에 둬야 할까. 식탁 위에 나란히 놓인 수저 중 내가 쓸 것은 아마도 내 오른손에 가까운 것이겠지. 그럼 앞에 있는 물컵 중 내 컵은 왼쪽 것일까 오른쪽 것일까. 이런 상황의 공통점은 규칙만 정해진다면 그 규칙이 무엇이어도 사실 큰 문제가 없다는 것이다. 우측통행이든 좌측통행이든, 오른쪽 물컵이든 왼쪽 물컵이든, 둘 중 하나로 사회의 규약이 정해지고 모든 사람들이 그 약속을 지키면 대부분의 문제는 해결된다.

많은 사람들이 넓고 긴 통로를 걸어가고 있다 가정하자. 통로의 동쪽 끝과 서쪽 끝에서 계속 사람들이 쏟아져 들어오고 있다. 이런 상황에서 사람들이 걸어갈 때 사용하는 전략(전략이라고 하기도 쑥스러울 정도로 간단한 일종의 규칙)은 아마도 무척 단순할 것이다. 동쪽 통로에 진입해서 서쪽으로 가고 싶은 사람은 일단 똑바로 서쪽으로 걸어갈 텐데, 자신이 걸어가는 방향의 바로 앞에 사람이 있다면 살짝 옆으로 피해갈 것이라고 예상할 수 있다. 왼쪽으로 피할까 오른쪽으로 피할까. 이런 연구도 심각하게 진행해서 논문을 쓰는 물리학자들이 제법 있다. 나도 그중 하나.

◈

몇 해 전 출판한 논문(연구 결과는 부경대 백승기 교수가 주로 얻었고, 논문의 공동저자로 스웨덴의 페터 민하겐Petter Minnhagen 교수와 세바스찬 베른하르드손Sebastian Bernhardsson 박사, 그리고 당시의 경기과학고 학생 최권 군이 함께했다)에서 다룬 내용이 바로 이런 보행자 문제였다. 사실 처음 연구를 시작한 계기는 지하철 환승 통로에서 겪은 내 경험이었다. 우측통행을 정확히 하기가 곤란한 상황이어서 양쪽 방향으로 움직이는 많은 사람들이 뒤엉키듯 천천히 움직이고 있었는데, 조금 걷다 보니 마주오는 사람들과 거의 마주치지 않고 어렵지 않게 걸어갈 수 있다는 것을 깨닫게 되었다. 대부분의 사람들이 자기 앞에 걸어가는 사람 등만 보고 무작정 쫓아가는 상황. 이처럼 많은 사람들이 쏟아져 나와 넓고 긴 통로를 양쪽방향으로 걷다 보면 자연스럽게 길이 생긴다. 내 앞에 가는 사람의 등 뒤를 따라가지 않고 옆으로 발걸음을 내디디면 반대편에서 오는 사람들과 마주하게 되어 걷기가 어려워지기 때문이다.

연구에 사용한 모형(〈그림1〉)에서는 편의상, 사람들이 자신의 어깨 폭을 유지하고 몸을 옆으로 돌리지 않고 똑바로 걸어간다고 가정했다. 또한 사람들의 걷는 속도는 누구나 같아 한 번에 한 발짝씩 자신의 어깨 폭과 같은 보폭으로 앞으로 이동한다. 동쪽에서 출발한 사람은 서쪽으로, 서쪽에서 출발한 사람은 동쪽으로 걸어가게 했고, 폭이 넓고 긴 길은 마치 바둑판처럼 정사각형 격자로 이루어진 것으로 생각했다. 사람들은 이 바둑판 모양으로 가로세로 줄이 있는 길 위에서 마치 바둑알처럼 한 칸씩을 차지하고 한 번에 한 칸씩 앞으로 이동한다. 만약 앞 칸을 이미 다른 사람이 차지하고 있어서 앞으로 갈 수 없는 상황에서는 이 보행자는 진행 방향의 우측을 선호하도록 해서, 먼저 오른쪽 옆으로 이동하게 했다(〈그림1〉에서 q=1인 상황). 그곳을 만약 다른 보행자가 차지하고 있으면 왼쪽 옆으로, 그곳도 마찬가지로 누군가가 있다

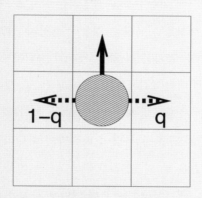

그림1 보행자 모형. 위로 걷는 보행자는 만약 앞 칸에 다른 사람이 있다면 오른쪽, 왼쪽의 옆 칸으로 각각 확률 q와 $1-q$로 이동한다. $q=1$인 경우가 바로 연구에서 사용한 우측통행 우선 보행 규칙에 해당한다.

면 움직이지 않고 제자리에. 모형의 보행자 수가 많으면(더 정확히는 보행자의 밀도가 어떤 문턱 값보다 크면) 마치 자동차가 도로 위에서 옴짝달싹 못하는 것과 같은 상황이 생긴다. 사실 실제 세상에서는 많은 사람들로 꽉 찬 길이라고 해도 이런 꽉 막힌 상황은 사실 잘 일어나지 않는다. 사람들은 다른 사람들 사이를 자동차와는 달리 몸을 옆으로 돌리는 등의 방법으로 어느 정도는 지나갈 수 있다.

물리학자들은 어떤 자연현상을 설명하는 모형을 상정할 때 가능하면 가장 단순한 모형을 이용하는 것을 선호한다. 물리학자는 계산을 통해 정확한 숫자로 결과를 잘 주는 사람이 아니라, 현상을 설명하는 가장 좋은 방법의 어림(혹은 근사)approximation을 잘 생각해내는 사람이다. 오늘의 주제인 보행자 문제를 이해하려는 물리학자들의 모형도 마찬가지다. 물리학자도 물론 사람이 바둑알이 아니라는 것을 잘 알고 있다. 하지만, 사람을 한 번에 한 칸씩 움직이는 바둑알처럼 기술해도 우리가 이해할 수 있는 현상이 있으면 일단은 사람을 바둑알로 놓자는 것이다. 이러한 방법론상의 단순함의 이점은 우리가 이해하고자 하는 현상을 만들어내는 가장 중요한 요소가 무엇인지를 알아내기 쉽다는 데 있다.

일단 모형이 설정되면 이제 컴퓨터를 이용한 시늉내기simulation를 해볼 차례다. 이 연구에 사용한 컴퓨터 프로그램은 백승기 교수가 작성했다. 시늉내기의 결과로는 먼저, 어느 정도 예측할 수 있었듯이 시간이 지나면 사람들의 길이 자연적으로 형성된다는 것이었다(〈그림2〉). 얻고자 했던 결과를 얻었으니 일단 성공. 이는 또 연구에 사용한 바둑

세상물정의 물리학

그림2 오른쪽에서 왼쪽으로 걷는 보행자들(녹색)과 왼쪽에서 오른쪽으로 걷는 보행자들(붉은색)이 길을 만들어 효율적으로 통행하고 있는 상황.

판의 바둑알 같은 보행자의 단순한 모형이 어느 정도는 현실 상황을 흉내 낼 수 있다는 것도 의미한다. 이 성공에 힘입어 다음에 살펴본 주제는 "만약 보행 규칙을 정확히 따르지 않는 사람들이 있다면 어떤 일이 생길까"였다. 이를 살펴보기 위해 전체 보행자중 일정 비율 p만큼의 사람들은 우측 보행 규칙을 잘 따르는 사람으로, 나머지 사람들은 무법 보행자로 가정했다. 무법 보행자들은 규칙을 전혀 따르지 않아서 걸어가는 방향의 앞 칸을 누군가가 차지하고 있어 옆으로 이동해야 하는 경우, 왼쪽과 오른쪽을 그때그때 마구잡이로 기분 내키는 대로 택하도록 했다.

만약 p가 0%라면 모든 사람이 무법 보행자인 경우고, 만약 p가 100%라면 한 사람의 예외도 없이 모든 사람들이 우측통행의 보행 규칙을 잘 지키는 상황에 해당한다. 연구에서는 주어진 p값과 보행자의 밀도 p의 값에 대해서 1000번씩 컴퓨터 계산을 해서 그중 몇 번의 계산에서 길이 안 막히는지를 구했다. 〈그림3〉은 우측통행자 비율 p를 변화시키면서 이렇게 구한 길 안 막힘 확률 ϕ가 어떻게 변하는지를 여러 보행자 밀도 r에 대해 구한 결과이다. 보행자 밀도가 그리 크지 않은 경우(r=0.20과 0.22)에 해당하는 그래프를 보면 규칙을 지키는 사람들이 많을수록(즉, p가 커질수록)길이 안 막힌다(즉, ϕ가 큰 값을 갖는다)는 결론을 얻는데, 이는 우리가 직관적으로 예상할 수 있는 것과 같은 결과이다. 즉, 60%의 정도의 사람들만이라도 우측 보행 규칙을 잘 따른다면 길이 거의 안 막힌다는 것을 보여준다.

연구 결과 중 가장 흥미로운 것은 보행자 밀도가 상대적으로 클 때 (r=0.24)의 그래프였다. 이 그래프를 보면 우측 보행자가 많아질수록 처음에는(p가 60% 정도까지) 길이 더 잘 통하다가 점점 더 많은 사람들이 규칙을 따르면(p가 60% 이상) 오히려 길이 막힌다는, 상식적으로 생각하면 전혀 이해되지 않는 결과를 얻게 되었다. 즉, 무법 보행자가 어느 정도 있는 상황이 모든 사람들이 우측 보행 규칙을 따를 때보다도 길이 더 잘 통하게 된다는 결과다.

도대체 어떻게 이런 일이 가능한지 좀 더 자세히 살펴보니, 서로 반대 방향으로 걸어가는 우측통행자들의 집단이 길의 가운데에서 만나게 되기 때문이었다. 동에서 서로 걸어가는 우측통행자가 길의 남쪽에 있었다면 북쪽으로 조금씩 이동하게 되고, 또 반대로 서에서 동으로 걸어가는 우측통행자 중 길의 북쪽에 있는 사람들은 남쪽으로 조금씩 이동하게 된다. 이런 일이 생기면 동에서 서로 가는 우측통행자와 서에서 동으로 가는 우측통행자가 길의 중간에서 만나게 되고 이 부분의

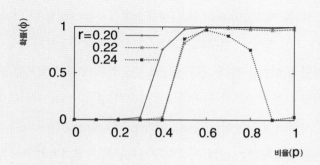

그림3 길 안 막힘 확률 φ를 우측통행 규칙 준수자 비율 p에 따라 그린 그래프다.
보행자 밀도가 클 때(파란색 그래프), 적절한 정도의 무법 보행자가 있는 경우에
오히려 통행이 원활함을 보여준다.

보행자의 밀도가 국소적으로 높아지게 되어서, 길이 막히기 시작하는 것이다.

◈

"약간의 무법자의 존재가 오히려 전체 상황을 좋게 해줄 수 있다"라는 상식에 반하는 결과가 재미있었는지 국내외 언론에 이 논문이 소개되기도 했다("피해 걷고 따라 걷고…군중 흐름의 수학적 모형은", 「한겨레」, 2014. 11. 24). 사실 이 연구의 결과는 오로지 보행자들의 우측통행 준수에 대한 현실과는 많이 다른 정말로 단순화된 모형의 결과일 뿐, 실제의 현실 상황에 곧바로 일반화해서 적용하기는 어려울 것이다. 비록 모형의 사람이 바둑알이라고 우길지라도, 물리학자도 사람이다. 세상 안에서 함께 살아가는 사회의 다른 구성원들과 마찬가지로, 자신이 살아가는 사회 안에서 세상을 본다.

딱딱한 투로 써야 하는 학술 논문에는 못 적는 이야기지만 오늘 소개한 연구를 마무리할 때 떠오른 생각이 있었다. 사람들이 정치적이든, 경제적이든, 사회적이든, 두 집단으로 나뉘어 첨예하게 대립하는 상황이 자주 벌어지는 우리 사회에 대해서도 연구 결과가 어느 정도의 함의는 가질 수 있지 않을까. 세상 사람들은 '모 아니면 도'처럼 하나같이 검은색과 흰색으로 나눌 수 있는 바둑알이 아니라는 것을 말이다. 검은색과 흰색으로 선택을 강요해서 없어지는 중간 회색 영역이 사실은 우리 사회를 더 나은 방향으로 바꾸려면 어쩌면 꼭 있어야 하는 것이 아닐까. 세상은 사실 검은색이나 흰색은 당연히 아니고 회색도 아닌, 연속적인 빛의 띠로 이루어진 예쁜 무지개여야 하지 않을까.

9

펀드매니저 vs 물리학자
프랙탈 모형만 알면 누구든 펀드매니저가 될 수 있다

제목에 '낚여서' 이 글을 읽는 독자에게 김빠지는 이야기를 먼저 하겠다. 이 글을 읽는 독자 대부분, 그리고 경제학에 문외한인 나 같은 물리학자뿐 아니라 누구에게도, 심지어 투자를 본업으로 하는 전문 펀드매니저에게도 주식시장에서 수익을 내는 일은 무척 힘들다는 점이다. 그렇다고 실망하지 말길. 위 이야기를 뒤집어보면 펀드매니저가 올리는 평균 수익률 정도는 누구라도, 심지어 물리학자라도(!) 낼 수 있다는 의미가 된다. 구체적으로 어떻게 하면 되는지에 대해서는 잠시만 기다리길. 먼저, 주식시장에서 돈 버는 일이 왜 이다지도 힘든지에 대해서부터 설명하겠다.

마이클 나자르Michael Najjar라는 예술가의 〈high altitude높은 고도〉라는

그림1 한국 한 기업 주식의 15년간 주가지수 변화 그래프

작품이 있다. 미국 다우존스 주가지수 그래프에 산山 사진을 덧붙여 만든 것으로, 하늘과 맞닿은 산 능선이 1980년부터 2009년 사이 다우존스 지수의 변화상을 보여준다. 산봉우리가 무척 가파르기는 하지만 우리가 흔히 보는 산 풍경과 크게 달라 보이지는 않는다.

산을 걷다 보면 수많은 오르막과 내리막을 만나는 것처럼 주식시장에도 수많은 골짜기와 산봉우리가 늘어서 있다. 물리학에서는 이런 모양을 '프랙탈fractal'이라고 부른다. 어떤 풍경이 프랙탈 모양을 갖는다는 것은 우리가 그 풍경의 작은 부분을 확대해 보는 것과 풍경 전체를 보는 것이 구별되지 않는다는 뜻이다. 여러 봉우리로 이뤄진 산 전체를 보는 것과 커다란 봉우리 하나를 선택해 자세히 본 것이 구체적 형태는 달라도, 전체적으로 비슷해 보인다는 점이 그 사례다.

◈

〈그림2〉와 〈그림3〉은 내가 몇 년 전 가족 여행을 간 강화도 어느 절에서 찍은 것이다. 서로 다른 나무처럼 보이지만 사실 〈그림3〉은 〈그림2〉 속 나뭇가지 하나를 찍은 것이다. 〈그림2〉 속 나무의 어느 가지인지 한 번 찾아보길. 자연계에는 이런 사례가 정말 많다. 구름, 해안선, 수많은 크고 작은 섬으로 이뤄진 남해, 심지어 사람 콩팥 혈관의 분포 등이 모두 프랙탈 형태다.

당신이 프랙탈 모양 산등성이를 걷는다고 가정해보자. 수많은 크고 작은 골짜기와 높고 낮은 봉우리를 만날 것이다. 지금까지 걸어오면

그림2 강화도 어느 절의 나무

그림3 〈그림2〉 속 나뭇가지

서 마주친 가장 높은 봉우리가 다음에 마주칠 어마어마한 봉우리에 비하면 아무것도 아닐 수 있고, 한 걸음 앞으로 내디뎠다가 천 길 낭떠러지로 떨어질 수도 있다. 이처럼 산등성이 모습이 울퉁불퉁하다는 것은 주식투자로 수익을 내기 힘든 한 가지 이유가 된다. 지금까지 수익률이 높았다 해도 당장 내일 그동안 얻은 수익을 다 까먹을 수도 있으니 말이다.

주식투자로 수익을 내기 힘든 더 중요한 이유가 있다. 실제 등산에서는 지금까지 걸어온 길을 돌아보듯 앞으로 펼쳐질 길을 내다볼 수 있지만, 투자의 경우 아무것도 보이지 않기 때문이다. 다가올 미래이니 당연한 일이다. 만일 앞으로 걷게 될 길의 높낮이를 알 수 있다면 누구나 돈을 벌 수 있다. 골짜기에서 주식을 사고, 꼭대기에서 팔면 되니까. 하지만 현실은 그렇지 않다.

이처럼 주식투자로 돈을 버는 것은 쉬운 일이 아니다. 그래도 주식투자로 밥벌이를 하는 전문가는 다르지 않을까. 사실을 말하자면, 다르지 않다. 2006년 11월 2일 한 신문에 이런 제목의 기사가 실렸다. "펀드 4개 중 3개는 코스피보다 못해". 이 기사를 보고 놀란 이유는 한국 주가지수인 코스피KOSPI는 상장된 회사 주가의 일종의 평균이기 때문이다(계산방법이 일반적으로 평균값을 내는 것과 조금 다르긴 하지만).

이 상황을 비유하면 다음과 같다. 펀드매니저에게 고등학교 남학생 한 반을 대상으로 '이들 중 1년간 가장 키가 많이 클 것 같은 학생 10명을 뽑으라'라는 과제를 준다고 하자. 1년 뒤 누가 정확히 뽑았는지 평가한다고 하면 당신은 어떻게 할까. 어떤 사람은 키가 많이 클 학생을 고르기 위해 가정환경을 살펴볼 테고(주식투자에서 소위 기업의 펀더멘털fundamental(기초)을 보는 것처럼), 또 다른 이는 작년에 키가 많이 큰 학생이 올해도 많이 클 것이라고 생각할 수도 있다(주식투자에서 소위 차티스트의 모멘텀 전략처럼). 반대 전략도 가능하다. 작년에 키가 별로 안 큰 학생이 올해는 많이 클 것이라고 예측하는 것이다. 하지만 일반인은 가정환경 조사 결과도 모르고, 학생들의 작년 키도 잘 모르니 그냥 주사위 던지듯 아무 학생이나 10명을 무작위로 찍을 개연성이 높다.

흥미로운 것은 이렇게 무작위로 10명을 선택하고 학생들이 1년 동안 얼마나 컸는지를 살펴보면, 반 학생들 키 성장의 평균값을 얻게 된다는 점이다. 아무것도 모르고 무작위로 찍어도 평균은 된다. 그런데 위에서 언급한 신문 기사에 따르면 소위 '학생 키 전문가'라고 자처하는 사람(주식시장 전문가라 할 펀드매니저) 여럿의 예측 결과가 주사위 던지듯 무작위로 고른 사람보다 못하다는 것 아닌가.

이런 소식을 전하면 어떤 사람은 이렇게 말한다. "아냐, 내가 든 펀드는 작년에 수익률이 30%나 됐어." 또 어떤 사람은 "'오마하의 현인'이라는 워런 버핏 같은 사람의 수익률을 봐!"라고 말한다. 물론 아주 높은 수익률을 내는 펀드나 투자자가 있을 수 있다. 많지는 않겠지만, 당연히 있다. 내가 이 글에서 말하는 바는 그런 개별 투자자 혹은 개별 펀드에 대한 것이 아니다. 전체 평균 이야기다. 우리 반에 키 2m인 남학생이 있다고 해서 전국 고등학생 평균 키가 변하는 것은 아니다. 펀드매니저가 운용하는 펀드의 평균 수익률이 장기적으로 주가지수보다 낮다는 것은 일반인에게는 생소할지 몰라도, 경제학 연구자 사이에서는 이미 잘 알려진 사실이다.

◈

'평균적인' 펀드매니저 수익률이 일반인이 눈감고 무작위로 투자하는 것보다 '평균적으로' 못하다는 사실이 확실하다면, 나 같은 '평균적인' 물리학자는 어쩌면 무작위로 투자하는 것보다 높은 수익률을 올릴 수 있지 않을까. 평균적인 물리학자의 평균적인 콧대는 일반인보다 훨씬 높다!

　이런 상황에서 기업 재무제표라는 말 자체가 외국어처럼 느껴지는 나 같은 물리학자가 할 수 있는 일은 당연히 과거 주가 패턴을 살펴보는 것이다. 과학자가 쓰는 말로 '자기 상관 함수autocorrelation function'를 계산하는 것이다. 아이디어는 단순하다. 매일 주가 차이를 순서대로 죽 늘어놓자. 아마도 플러스 얼마, 마이너스 얼마 이렇게 숫자가 일렬로 보일 것이다. 이 목록에서 플러스가 일주일 내내 계속 나타나면(즉, 주가가 일주일 내내 계속 올랐다면), 그다음 주 첫날도 아마 플러스가 되지 않을까 생각할 수 있다. 정말 그렇다면 지금 가진 주식의 가격 오르내림 숫자가 양陽의 '자기 상관관계'를 갖는 것이다. 이 경우 양의 자기 상관관계를 가진 주가 움직임은 물리학에서 '관성'이 있는 물체가 움직이는 것과 비슷하다.

　물리학에서 관성은, 움직이는 물체가 외부의 힘을 받지 않으면 계속 움직인다는 의미다. 계속 오른쪽으로 움직이는 물체는 잠깐 눈길을 주지 않다가 다시 쳐다보면 아까 위치에서 좀 더 오른쪽에 있으리라 예측할 수 있다. 주가에도 관성이 있다면 어떨까. 지난주 꾸준히 오른 주식은 이번 주에도 마찬가지로 계속 오르는 경향이 있을 것이다. 과거 주가 흐름으로 내일 주가를 예측할 수 있는지에 대한 질문을 물리학 언어로 다시 질문하면 "주가에 관성이 있는가"가 된다. 그리고 관성이 얼마나 있는지 측정하는 양이 앞에서 언급한 '자기 상관 함수'다.

〈그림3〉은 한국 주식시장의 자기 상관 함수를 시간 함수로 나타낸 것이다. 백문불여일견百聞不如一見이란 말이 있다. 물리학에서는 백자불여일식百字不如一式이다. 수식으로 적으면 한 줄도 안되는 것을 말로 설명하자면 무척 힘든 경우가 많다. 일반 독자를 위해 어려운 이야기는 빼고 결과만 소개하면, 이 그래프가 나타내는 결론은 내일 주가의 오르내림은 어제 주가의 오르내림과 아무런 상관이 없다는 것이다(자기 상관 함수는 시간이 하루만 지나도 0이 된다). 말하자면 주가의 오르내림에는 관성이 없다. 그러니 일주일 내내 하루도 빠짐없이 주가가 올랐다 해도 내일 주가가 오를 확률이 내릴 확률보다 높은 것은 아니다.

신문 경제면을 보면 간혹 요즘 주가가 오르는 추세니 내리는 추세니 하는 소식이 실리는데, 물리학자인 내가 보기에 관성 없는 주가에 대해 추세를 이야기하는 것은 의미가 없다. 이 설명으로 과거 주가의 변화를 이용해 미래 주가를 예측하는 일이 상당히 힘들 수밖에 없다는 점에 많은 사람이 동의할 수 있길 바란다.

과거 주가의 움직임이 아닌, 기업의 펀더멘털 정보에 바탕을 두고

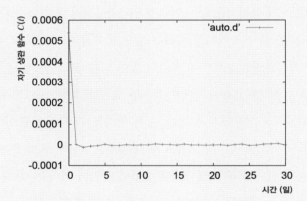

그림3 시간 t에서의 주가를 $x(t)$라 하면 주가의 로그 리턴값은 $g(t)=log[x(t+1)/x(t)]$가 된다. 자기 상관 함수 $C(t)$는 $C(t)=<g(t)g(t'+t)>-<g(t)><g(t'+t)>$로 정의 된다. t만큼 떨어져서 측정된 두 값이 얼마나 강한 상관관계를 갖는지 측정하는데, 수치가 0으로 수렴되므로 결론은 '관계없다'다.

세상물정의 물리학

주식투자를 할 경우에는 수익이 높지 않을까. 이것도 쉽지 않은 일이다. 미래 주가는 과거 기업 펀더멘털이 아닌 미래 펀더멘털이 결정할 것인데, 이 부분의 불확실성이 매우 크기 때문이다. 미래 기업 펀더멘털을 정확히 예측할 수 있는 사람이면 모를까, 우리 같은 평범한 사람이나 대다수 펀드매니저로서는 거의 불가능에 가깝다. 펀더멘털을 기초로 한 투자 방법이 정말 성공적이라면 펀드의 평균 투자 수익이 코스피보다 못할 이유가 없지 않겠는가.

결론적으로 미래 주가는 과거 주가에 근거해 예측할 수 없으며(주가에는 관성이 없다), 또한 기업의 작년 재무제표를 아무리 열심히 연구해도 미래 주가를 정확히 예측할 수 없다(아직 존재하지 않는 미래 재무제표를 미리 볼 수 없다).

이렇게 미래 주가를 예측하는 일이 불가능에 가깝다는 사실을 받아들이면, 주식투자로 수익을 내는 것이 불가능하다는 점 또한 받아들여야 할까. 꼭 그렇지는 않다. 1600년대 미국의 원주민 인디언은 뉴욕 맨해튼 섬을 단 몇십 달러에 매각했다. '만일 맨해튼 섬을 팔지 않고 지금까지 갖고 있었다면 정말 큰돈이 됐을 텐데, 참 어리석었다'라고 생각하면 큰 오산이다. 인디언이 후회해야 할 점은 맨해튼 섬을 판 돈을 주식에 투자하지 않았다는 것이다. 만약 그랬다면 인디언은 맨해튼 섬 여러 개를 되살 수 있었을 테니까. 시간을 거꾸로 돌려 당신이 그 인디언이 돼 맨해튼 섬을 판 수십 달러를 손에 쥐었다고 해보자. 그 돈을 어떻게 주식시장에 투자해야 할까. 물리학자가 찾아낸 대답은 다음 글에서 공개하겠다.

10

누구나 쓸 수 있는,
하지만 아무도 쓰지 않는

물리학자가 추천하는 주식투자, 장기보유전략

경제면에 기사 쓰는 기자들에게는 정말 죄송한 이야기지만, 주가 움직임에 대한 예측은 꾸준히 틀려왔다. 경제면을 읽다 보면 다양한 분석 기사를 볼 수 있다. 미국의 이라크 침공 같은 커다란 일을 생각해보자. 어떤 때는 이상하게 주식시장에 별 변화가 없거나 심지어 주가가 오르기도 한다. 이때 내가 신문에서 본 흥미로운 분석은 전쟁 발발에 대한 '불확실성 해소'로 주가가 올랐다는 것이다. 격변 다음 날 신문 기사는 주가가 떨어지면 당연히 그 격변 때문이고, 주가가 오르면 불확실성이 해소됐기 때문이라고 설명한다. 이런 분석 기사라면 물리학자도 쓰겠다. 경제 분석 혹은 예측하는 분들을 탓하는 것이 아니다. 경제현상 자체가 대부분 본질상 예측이 불가능하다는 이야기다. 지진 예측처럼,

그리고 미래 주가처럼.

 잘되면 물리학과 교수를 그만두고 주식투자나 해서 돈을 벌어보겠다는 꿈을 갖고 주식시장 수익률에 대한 연구를 시작했다(그리고 결과는? 나는 아직 대학교수다). 앞선 글에서 설명했듯, 주가에는 관성이 없어 과거 주가의 오르내림을 보고 미래 주가의 향방을 예측할 수 없다. 또한 기업의 장래 펀더멘털에 대한 정보 불확실성이 너무 커서 과거 기업 성과에 근거해 미래 주가를 예측하는 것도 어렵다.

 일단 미래 시점의 주가는 예측 불가능하다는 것을 사실로 받아들이자. 그럼에도 '과거' 주가에 적용했을 때 성공적인 주식투자 전략을 찾을 수 있지 않을까. 이에 대한 답을 찾고자, 미국과 한국 기업 수백 곳의 과거 주가 자료를 구해(과거의 주가는 누구나 무료로 다운받을 수 있다), 다음과 같은 정말 단순한 주식투자 전략을 상정한 뒤 컴퓨터 프로그램을 이용해 계산해봤다.

A. 오늘 주가가 며칠 전보다 p%보다 더 올랐으면 보유 주식 절반을 매도
B. 오늘 주가가 며칠 전보다 q%보다 더 내렸으면 보유 현금 절반을 써서 매수

 내가 컴퓨터를 이용해 적용한 이 주식투자 전략은 전문 펀드매니저들이 사용하는 전략에 비하면 비교도 할 수 없을 만큼 단순할 것이다. 이처럼 단순한 전략을 이용해 수익률을 연구하는 것의 이점은 바로 사용 모형의 '단순성'에 있다. 주식 매수/매도 결정에 관여하는 변수가

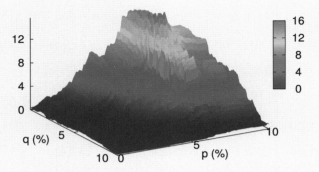

그림1 삼성전자의 모의 수익률(1999년부터 약 6년간의 자료를 이용)

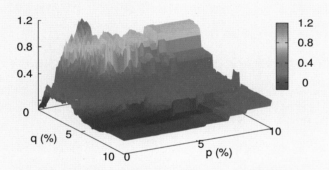

그림2 삼성전자의 모의 수익률(2004년 중순부터 약 6년간의 자료를 이용)

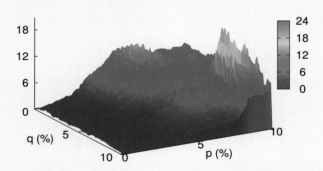

그림3 현대 자동차의 모의 수익률(1999년부터 약 12년간의 자료를 사용)

단지 두 개뿐(p와 q)이어서 엄청나게 다양한 경우에 대해 수익률을 계산해볼 수 있다. 만약 변수가 두 개보다 많아지면 이 글에 있는 것과 같은 수익률 그림은 그릴 수도 없다(우리가 사는 공간은 3차원이라 사람은 어쩔 수 없이 4차원 이상의 그림을 그릴 수 없고 설령 누가 그려서 보여줘도 이해할 수 없다).

◈

프로그램의 얼개는 다음과 같다. 주식 하나를 고른다(예를 들어 삼성전자). 통 크게 10억을 투자한다(프로그램 안에서 투자액을 설정하는 것은 돈이 들지 않는다). 그러고는 주어진 p와 q값을 가지고 앞의 A와 B에 따라 주식 매도/매수를 반복한다. 마지막 날, 갖고 있는 주식을 현재 가격으로 모두 매도해 초기투자액 10억 원에 비해 수익이 얼마나 생겼는지 계산한다. 이와 같은 방법으로 엄청나게 다양한 경우의 p, q 값을 이용한 삼성전자 모의투자를 반복하고, 그 결과로 얻은 수익률을 그린 것이 〈그림1〉이다. 1999년 1월부터 2010년 10월 중순까지 약 3000거래일 중 앞부분 절반에 해당하는 약 1500일 동안을 계산한 것이다. 앞의 A, B에서 '며칠'에 해당하는 값은 열흘로 했다. 울퉁불퉁한 산 같은 모습을 볼 수 있는데, 붉은색으로 표시한 높은 곳일수록 수익률이 높고, 파란색으로 표시한 부분은 수익률이 낮은 지점이다.

어디선가 많이 본 그림 같지 않은가. 앞서 언급한 프랙탈 모양 산 능선과 상당히 비슷하다. 〈그림1〉의 수익률 모습이 프랙탈처럼 보이는 것의 의미는 높은 곳에 있다가도 발을 조금만 헛디디면 수익률이 하락한다는 뜻이다.

그래도 가만히 보면 붉은색 커다란 높은 봉우리(수익률이 무려 1600%!)가 보인다. 바로 그 높은 봉우리에 해당하는 p와 q값의 투자전략을 이용했다면(즉, 열흘 전 주가보다 6.4% 오르면 매도, 2.9% 내리면 매수를 계속 반복), 당연히 투자액의 16배라는 엄청난 수익을 6년도 안 되는 기간에 올릴 수 있었을 것이다. 놀랍지 않은가.

이렇게 하면 된다는 사실을 누군가가 1999년에 알아서 이처럼 간단하게, 오르면 팔고 내리면 사는 것을 6년 동안 했다면 엄청난 수익을 낼 수 있었다. 언뜻 그럴듯해 보이지만 현실적으로 가능한 것은 아니다. 이처럼 높은 수익을 내려면 사용해야 했을 바로 그 p와 q값을 1999년 투자 시작 시점에 어떻게 미리 알 수 있었겠는가. 〈그림2〉는 마찬가지의 모의투자를 2004년 중순부터 약 1500일 동안(즉, 전체 주식 자료 뒷부분 절반) 진행한 결과를 나타낸 수익률 모습이다.

먼저 주목할 것은 이 기간 최고 수익률은 기껏해야 120%라는 것이다. 이것도 물론 대단한 수익률이다. 연이율 14%에 해당하는. 게다가 이 기간에 한국 주식 시가총액이 반 토막 난 세계 금융위기가 있었는데도 말이다. 그러나 나에게 더욱 흥미로운 것은 바로 최고 수익률에 해당하는 산봉우리의 위치다. 이 기간 삼성전자의 최고 수익률은 열흘 전보다 2.6% 오르면 매도, 0.8% 내리면 매수한 경우에 얻을 수 있었는데, 그 값이 〈그림1〉의 봉우리 위치(p=6.4%, q=2.9%)와 많이 다르다는 점에 주목해야 한다. 참고로 〈그림1〉에서 얻은 봉우리 위치에 해당하

세상물정의 물리학

는 p와 q값을 〈그림2〉에서 찾아보면 수익률이 56%다.

〈그림1〉, 〈그림2〉를 비교해서 얻을 수 있는 결론은 주식 수익률이 투자 기간에 따라 많이 다르다는 것과 최고 수익률을 얻을 수 있는 주식투자 전략 또한 투자 기간이 지나면 달라진다는 것이다. 즉, 과거에 성공했던 주식투자 전략이 미래 성공을 보장할 수는 없다는 의미다!

〈그림3〉은 마찬가지 방법을 12년 정도의 기간에 걸쳐 현대자동차에 적용해 구해본 수익률 모습이다. 현대자동차의 경우 최고 수익률이 무려 2100%였는데, 이 수익률을 가져다주는 p와 q값은 각각 8.5%와 7.2%로 삼성전자의 경우와는 또 다르다.

물론 내가 살펴본 정말 단순한 모의투자 전략은 실제 투자전략에 비하면 너무나도 단순하다. 하지만 성공적인 투자전략은 시간에 따라 변한다는 것, 그리고 한 주식에 대해 성공한 전략이 다른 주식에서는 성공을 보장하지 못하다는 결론은 실제 상황에서도 일반적으로 타당할 것으로 믿는다.

앨버트 아인슈타인은 "Things should be as simple as possible, but not simpler"라고 말했다. 이 문장을 물리학자 처지에서 좀 더 자세히 설명해보면 '복잡한 현상을 설명하는 이론 혹은 모형은 가능한 한 단순해야 한다. 즉, 중요하지 않은 것은 버리고 버려 정말 단순한 기본 모형에서 출발해야 한다. 하지만 정도를 벗어나, 마치 목욕물과 함께 아기를 버리는 것처럼 가장 중요한 것까지 버리는 그런 정도의 극단적 단순화를 해서는 안 된다'가 될 것이다.

어느 정도 눈치챘겠지만 나 같은 물리학자가 현실을 이해하기 위해 사용하는 이론 혹은 모형은 상당히 간단하다. 이러한 단순화는, 아인슈타인도 경고한 지나친 단순화의 위험을 늘 염두에 둔다면, 복잡한 현상의 가장 중요한 고갱이를 이해하는 데 꼭 필요한 일이다.

앞에서 설명한 간단한 모의투자 결과로부터, 주식투자로 돈 벌기가 정말 힘들다는 사실에 동의할 수 있을 것이다. 주가는 예측할 수도 없고, 또 과거에 성공했다고 미래의 성공이 보장되지 않으며, 한 주식에 대해 성공한 투자전략을 다른 주식에 적용할 수도 없다. 하지만 그렇다고 주식투자로 돈을 벌 수 없는 것은 아니다. 어떻게 하면 될까.

◈

주식투자에서 누구나 쓸 수 있는 하지만 거의 아무도 쓰지 않는, 우리가 상상 가능한 아주 쉬운 투자 전략이 있다. '첫날 모든 자금을 동원해 주식을 매수하고, 투자 마지막 날 가지고 있는 모든 주식을 전량 매도'하는 것이다. 영어로 'buy and hold(매수 후 보유)'라고 부르는 이 장기보유전략을 모든 주식에 적용한다면 수익률은 어떻게 될까.

주가 자료를 가지고 있는 한국 500개 기업 중 하나를 골라 1999년 초에 주식을 매수하고, 2010년 10월 모든 주식을 매도했다고 하자. 이러한 장기보유전략을 500개 기업 모두에 적용할 경우 얻을 수 있는 수익률의 평균값은 320%였다(복리로 계산하면 연 13%). 즉, 내가 1999년 1월 1억 원을 투자했다면 2010년 10월에는 4억 2000만 원이 됐다는 것이다(아, 그렇게 할걸! 아참, 1억 원이 없었지!).

마찬가지로 1983년부터 2004년까지 계속 미국 주식시장에 남아 있었다고 가정하고 100개 정도의 주식에 대해 같은 계산을 해보면 평균 4000% 수익률이 된다. 물가상승률을 반영해도(그 기간 미국의 물가는 두 배가 뛰었다), 1983년 1만 달러를 투자했다면 20여 년 뒤에는 20만 달러가 됐을 것이다. 반면, 위험이 거의 없는 가장 안전한 자산이라 할 수 있는 미국 국채를 1984년 1만 달러어치 매수했다면 20여 년 뒤에는 2만 달러에 불과하게 된다.

앞선 글을 통해 주가지수인 코스피는 일종의 평균이라고 이야기했다. 따라서 어떤 주식투자 전략이 성공적인지를 판단하려면 먼저 코스피와 비교해보면 된다. 위에서 이야기한 12년 정도 기간에 한국 주식 500여 종목에 대해 장기보유투자 전략을 사용한 평균 수익률 320%를 같은 기간 코스피와 비교하면 어떨까. 펀드 평균 수익률이 장기적으로 코스피보다 못하다는 것을 생각하면 코스피 수익률은 아마도 320%보다 높지 않을까 생각할 수 있지만, 놀랍게도 이 기간 코스피 수익률은 220%에 불과했다! 사실 220% 수익률도 연평균 10% 이율에 해당하는 것이라 결코 작은 수익은 아니다. 코스피는 펀드의 평균 수익률보다 높은 수익률을 갖는다. 그런데 코스피보다 수익률이 더 높으면서도 정말로 쉬운 투자전략이 있다는 것이다.

예전 어른들은 돈이 생기면 장롱 안에 숨겨놓았다. 이렇게 넣어둔 장롱 안 돈은 물가상승률을 생각하면 푼돈이나 마찬가지다. 그런데 여러 회사 주식을 사서 장롱 안에 넣어두면 높은 수익을 낼 수 있다는 말이 아닌가! 펀드 평균보다도 높고, 게다가 신기하게도 주식시장 평균이라 할 코스피보다 더 높은 수익을 낼 수 있다니!

❖

자칫 지루해질 위험을 무릅쓰고 설명을 좀 더 하자면, 코스피 주가지수는 각 회사의 시가총액 합으로 계산하는데, 시가총액은 단순히 주가를 상장된 주식 수와 곱한 것이다. 그런데 어느 누구도 주식시장 전체의 현재 평균 가치를 이렇게 코스피 계산법으로 계산하는 방법만 평균값이고 다른 방법으로 계산하면 안 된다고 하는 사람은 없었고 그렇게 하면 안 된다는 법이 있는 것도 아니다.

내가 이야기하려는 것은 누구라도 주식시장 전체에 대한 일종의 '평균' 계산 공식을 만들어볼 수 있다는 것이다. 예를 들어 어떤 사람은 상장 주식 수에 상관없이 정말 단순하게 모든 주식의 1주 가격 평균을, 다른 사람은 각 회사 주식의 시가총액을 사용한 제곱의 평균을 생각할 수 있다. 얼마든지 다른 방법이 가능하다. 모든 상장기업이 아니라 덩치가 큰(시가총액 상위 200개 기업) 기업만 골라서 시가총액 평균을 구하면? 그 것이 바로 '코스피200'이라는 지수다. 홍길동이란 사람이 지난해 주당 순수익 상위 50위부터 100위까지 기업의 현재 시가총액 세제곱에 자신의 매달 월급을 곱한 값의 평균으로 홍길동지수를 만들 수도 있고, 그 지수 수익률이 코스피보다 높을 수도 있다.

조금만 생각해보면, 어떤 주식에 얼마만큼씩 투자할지를 결정(포트폴리오의 구성)해 그 수익률을 계산한다는 것은 투자자가 자신만의 계산법으로 주식시장에 대한 평균값을 계산한다는 것과 같은 뜻이라고 볼 수 있다. 그리고 그 평균값이 코스피보다 수익률이 높을 수도 낮을 수도 있다. 왜? 코스피도 일종의 평균일 뿐이니까. 한 방법으로 계산한 평균값이 다른 방법으로 계산한 평균값보다 더 높거나 낮다고 신기할 것이 없다.

500개 기업의 12년 수익률 평균이 320%라는 것에 해당하는 주식투자 방법은 무엇일까. 어떻게 포트폴리오를 구성해야 320% 수익을 낼 수 있을까. 예를 들어, 500억 원으로 투자를 시작하고 1999년 기업 주식을 매수할 때 500개 기업 하나하나의 주식을 1억 원어치씩 사는 것이다. 이렇게 1999년 초 주식투자를 시작해 2010년 모두 매도한다면 500억 원에 320%의 수익을 합해 2100억 원이 될 것이다.

사실 위에서 이야기하지는 않았지만, 12년간 320%라는 코스피보다 더 높은 수익률을 얻기 위해서 간과하지 말아야 할 요인이 있다. 12년 동안 없어지지 않은 회사의 12년 전체 기간에 대한 주가 자료가 있었으니까, 앞에서 얻은 결론을 엄밀하게 이야기하면 '12년 동안 없어지지 않은 회사의 평균 수익률이 코스피보다 높다'라는 것이다.

그런데 막상 1999년 투자 시작 시점에서 어떤 회사가 12년 동안 살아남을지를 어떻게 알겠는가. 이런 이유로 다시 계산한 결과가 〈그림 4〉이다. 2003년부터 매년 초 시가총액 상위 100위 이내 기업을 골라, 각 회사 주식을 똑같은 액수만큼 매수하고 그해 마지막 날 모두 매도한 경우의 평균 수익률을 코스피 수익률과 함께 그린 그림이다. 놀랍게도 대부분의 기간 이렇게 시가총액 상위 100위 이내 기업에 연초 매수, 연말 매도를 단순히 반복한 평균 수익률이 대부분의 기간 코스피보다 꾸준히 높았다는 것을 확인할 수 있다. 흥미롭게도 최근 2년간은 오히려 코스피 수익률이 더 높았지만.

물리학자가 살펴본 성공적인 주식투자에 대한 글을 여기서 마무리한다. 나의 연구결과를 바탕으로 몇 가지 제안을 하자면 다음과 같다.

1. 골치 아프게 생각할 것 없이 주가지수에 연동된 인덱스 펀드에 투자할 것. 이렇게 하면 최소한 평균은 하는 것이고, 장기적으로는 일반적 펀드에 투자하는 것보다 수익률이 좋으리라 예측할 수 있다. 그래도 좀 스릴 있게 직접 투자를 원한다면 다음으로.

2. 예측하려 하지 말 것. 미래 주가는 아무도 모른다는 사실을 마음 편히 받아들이고 신문 경제면에 실리는 예측 기사는 별자리로 보는 오늘의 운세 정도의 재미로만 읽을 것. 왜? 어차피 잘 안 맞으니까.

3. 보유 주식 주가를 일주일에 한 번 이상 확인하지 않을 자신이 있는 경우에만 주식투자를 시작할 것. 마찬가지로, 돈을 빌려 투자하지 말 것. 아무리 적은 액수라도 이 정도 돈은 있으나 없으나 내 미래의 생은 마찬가지라는 금액 정도만 투자할 것.

4. 가장 중요한 포인트. 20~30년간 망하지 않을 회사 주식을 사서 장기보유할 것. 어떻게 망하지 않을 회사라는 것을 알 수 있을까. 그런 것은 물리학자인 나는 모르지만 시가총액 상위 기업이 1년 안에 망할 가능성은 별로 크지 않다는 정도가 힌트가 될 듯.

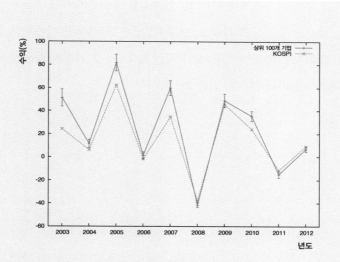

그림4 시가 총액 상위 100개 기업의 매년 평균 수익률과 코스피 수익률

자, 물리학자의 제안에 따라 이처럼 주식을 사서 장롱 안에 넣고 오래 기다리면 누구나 부자가 될 수 있을까. 확실히 말할 수 있는 것은 지금까지 상당 기간 계속 그래왔다는 것이다. 그렇다고 앞으로도 계속 그럴까. 글쎄, 그것은 나도 모른다. 내가 여러 번 이야기하지 않았나. 미래 경제 현상은 예측할 수 없다고. 맨해튼 섬을 판 인디언이 그 수십 달러를 당시 시가총액 상위 기업(즉, 최소한 몇 년은 망하지 않을 회사)에 같은 액수만큼 분산 투자하고, 이후 몇 년에 한 번씩만 시가총액 상위 리스트를 보고 투자 기업을 조금씩 바꿨다면? 그 인디언 자손들은 지금쯤 모두 월가의 큰손이 됐을 것이다.

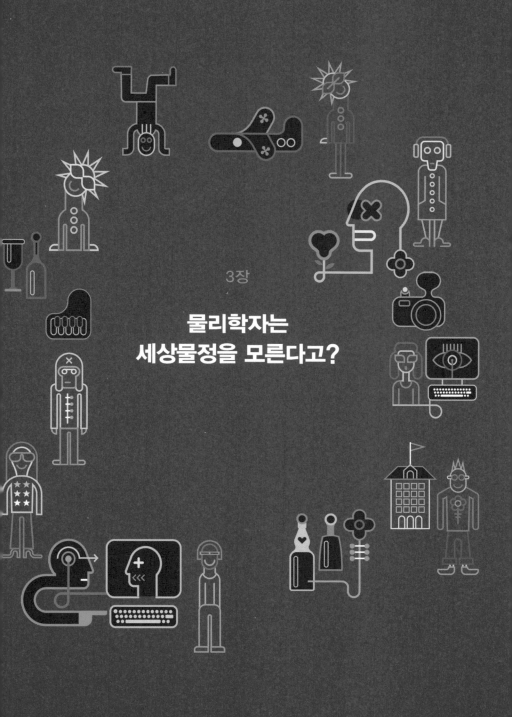

3장

물리학자는
세상물정을 모른다고?

1

보이지 않는 질서

껴울림과 때맞음의 법칙

껴울림과 때맞음이라니. 하지만 긴장하지 마시라. 대부분의 물리학 전 공자에게도 익숙하지 않은 단어다. 우리말 물리 교과서는 대부분 껴울 림을 '공명'으로, 때맞음을 '동기화'로 표현한다. 앞서 「뒷담화를 권하 다」(15-25쪽 참조)에서 잠깐 언급했지만, 대체 껴울림과 때맞음이라는 단어가 무슨 뜻일까. 이를 설명하는 것이 이 글의 주된 목적이지만, 잠 깐 샛길로 빠지는 것을 양해하시길.

　다음과 같이 시작하는 글이 있다 하자. "침대에서 눈을 떴다. 광자 가 눈에 들어왔다." 여기까지 읽고서 광자가 사람 이름인지 아니면 빛 입자를 일컫는 광자인지 어느 누가 알겠는가. 이처럼 중국과 일본에서 오래전 직수입해 표준 용어가 된 수많은 과학 용어가 있다. 요사이 많은 물리학자가 기존 물리학 용어인 광자를 '빛알'이라는 우리말로 바꿔 부르고자 노력한다. 아직 성공적이진 않지만 말이다.

모든 학술 용어를 순우리말로 바꿔야 한다고 주장하는 것은 아니다. 내가 처음 물리학을 공부할 때는 뉴턴의 '만유인력'이라고 배웠다. 요즘 강의할 때는 '보편중력'이라는 용어로 바꿔 쓴다. 두 용어 모두 질량이 있는 모든 물체 사이에는 서로 끄는 힘(인력)인 중력이 항상 존재한다는 것을 의미한다. 둘 다 한자어지만 '만유'라는 단어보다 '보편'이 과학 용어로 더 좋다는 것이 나의 생각이다. 보편이라는 말은 우리가 일상에서 훨씬 더 '보편적'으로 사용하는 단어인 반면, 만유라는 단어는 만유인력 말고는 딱히 떠오르는 것이 없기 때문이다.

안 그래도 과학을 멀게 느끼는 사람이 많은 한국땅에서 어려운 과학 용어는 과학을 사람들의 삶에서 더 멀어지게 만드는 한 원인이 된다. 과학, 특히 물리학 지식을 습득하는 것은 물리학 용어를 외워서 기억하는 것이 결코 아니다. 용어 자체가 아니라 그 용어로 표현되는 개념을 이해하는 것이 훨씬 더 중요하다. 사실 용어는 어떤 것이 돼도 크게 중요하지 않다.

하지만 처음 새로운 과학 개념을 배울 때는 당연히 일상에서 쉽게 자주 사용하는 개념과 연관 지어 이해하는 것이 쉽다. 일상에서 거의 쓰지 않는 '만유'라는 표현이 들어 있는 한자어를 사용하면서 이를 쉽게 이해하지 못한다고 학생들에게 한자 교육을 더 많이 시켜야 한다고 주장하는 것에 결코 동의하지 않는다. 한자를 몰라 학생들이 이해하지 못하는 과학 개념이 있다면, 그것은 학생의 잘못이 아니라 그 어려운 용어를 쓰자고 고집하는 나 같은 과학자들 잘못이다.

한국 학생들은 중고등학교 때 물리학의 광자는 '빛을 이루는 입자 혹은 알갱이'라고 배운다. 사실 그 말이 그 말이다. 앞의 한자어 광자를 좀 더 익숙한 우리말로 직역했을 뿐이다. 만약 광자 대신 '빛입자' 혹은 '빛알'이라고 쓰고 그렇게 가르친다면, 학생들은 굳이 광자라는 단어를 기억할 필요가 없다. 광자를 모른다고 학생들에게 '빛 광光'자를 가르쳐야 한다고 주장하는 것보다 아예 '광'을 '빛'이라고 바꿔 부르는 것이 맞지 않겠는가. 비록 100% 정확하지는 않더라도, 일상의 경험으로부터 뜻을 미루어 짐작할 수 있게 하는 용어가 더 좋은 과학 용어라고 생각한다.

겨울 김장김치에서 내가 가장 좋아했던 것은 김장을 담글 때 절이고 양념한 배추와 함께 '꺼묻은' 무였다. 마당에 묻은 김장독에서 어머니가 포기김치와 함께 꺼내온 무가 그렇게 상큼하고 맛있을 수가 없었다. 한국 사람이라면 누구나 '꺼'라는 접두사가 무엇을 뜻하는지 안다. 마찬가지로 '종이 울린다'의 '울림'이 무슨 뜻인지는 삼척동자도 다 알 테고. 이 두 단어를 붙여 만든 꺼울림은 바로 '두 물체가 같이 울린다'는 뜻이다.

예를 들어 몇 년 전 한 고층 건물의 이상 진동 현상이 널리 기사화된 적이 있다. 음악에 맞춰 함께 운동하는 사람들의 집단 움직임으로 생긴 울림이 건물 전체가 큰 폭으로 진동하는 울림을 만든 것이다. 이것이 바로 전형적인 꺼울림 현상이다.

꺼울림 현상이 생기려면 다음과 같은 조건이 필요하다. △외부 자극이나 힘 없이도 한 물체가 특정한 진동수(이를 고유 진동수라 부름)로 움직인다. 진동의 진폭이 아주 크지 않으면 이 물체의 고유 진동수는 일정하다. △이 물체에 외부로부터 특정 진동수(이를 외부 진동수라 부름)를 갖는 주기적인 힘이 주어진다. 외부 진동수가 고유 진동수와 같게 되면 물체는 껴울림 현상을 보이면서 진폭이 상당히 커진다.

설명이 너무 어렵게 들린다면 몇 가지 예로 이해해보자. 유치원생 조카가 타는 그네를 밀어주는 상황을 상상해보라. 어떻게 하면 적은 힘으로 그네의 움직임을 점점 더 크게 할 수 있는지는 누구나 경험으로 안다. 그네가 다가왔다 막 멀어지기 시작하는 바로 그 순간 그네를 미는 것이 요령이다. 스스로는 몰랐겠지만, 조카의 그네를 밀 때마다 부지불식중에 물리학의 껴울림을 이용한 것이다. 그네가 정확히 3초마다 한 번씩 앞으로 다가온다면 당연히 그네를 3초마다 한 번씩 밀어야 그네의 진폭이 점점 커진다. 즉, 그네가 움직이는 주기인 3초에 해당하는 그네의 '고유 진동수'가 당신이 그네를 미는 시간 간격인 3초에 해당하는 '외부 진동수'와 같아지면, 약한 힘으로 밀더라도 곧 그네 타는 조카가 "무서우니까 이제 그만"이라고 부탁할 정도의 움직임을 만들 수 있다.

마찬가지로 건물의 이상 진동 현상도 껴울림으로 이해할 수 있다. 12층에서 사람들이 운동하지 않더라도 건물은 특정한 고유 진동수를 갖고 미세한 정도로 움직인다. 그러다가 사람들의 집단 운동 때문에 만들어진 외부 진동수가 건물의 고유 진동수와 같아지면, 껴울림 현상으로 인해 건물 진폭이 커지게 된다.

바닷가에서 주워온 커다란 소라 껍질을 귀에 대면 바닷소리가 들린다는 이야기를 들어봤는가. 이것도 껴울림 때문에 생기는 현상이다. 우리 주변에는 우리가 인식하지 못하는 다양한 높낮이(음의 높낮이는 바로 소리의 진동수가 결정한다)의 소음이 있다. 이러한 소음 중 빈 소라 껍질 안의 공기 기둥이 만들어낼 수 있는 특정 진동수를 갖는 외부 소음만이 껴울림을 만들어 크게 들리게 되고, 그 소리가 바로 소라 껍질에 담아온 바닷소리다.

믿기지 않는다면 빈 컵을 가지고 같은 실험을 해보면 된다. 소라껍질뿐 아니라 빈 물컵도 바닷소리를 낸다. 컵 크기를 바꿔가면서 들리는 소리의 높낮이를 주의 깊게 관찰해보면 컵이 클수록 소리의 진동수가 작아져 더 낮은 음의 소리가 들리는 것을 알 수 있다. 빈 컵 안의 공기 기둥이 길어지면 소리가 낮아진다(길고 큰 관악기는 짧고 작은 관악기보다 낮은 음을 낸다. 대금과 피리를 떠올려보라).

마찬가지로 불 꺼진 어두운 밤에 또르륵 떨어지는 물소리를 듣는 것만으로도 컵에 넘치지 않게 물을 가득 담을 수 있다. 물이 수면에 닿아 만드는 소리 중 수면 위의 공기 기둥에서 만들어질 수 있는 고유진동수와 같은 소리만 껴울림으로 커지기 때문이다. 컵 수면 위의 공기 기둥 높이가 작아질수록 진동수가 커져 물소리의 음이 높아지고, 따라서 약간 연습만 하면 누구라도 적당한 양의 물을 눈으로 보지 않고도 컵에 따를 수 있다. 물소리가 급격히 높아지는 바로 그 순간을 잘 판단하면 된다.

음악을 크게 틀어놓고 듣다 보면, 특정 악기의 특정 음에서만 방 창문이 울리면서 소리를 내는 것을 알 수 있다. 이 역시 창문이 갖는 고유 진동수가 특정 악기가 내는 특정한 음의 외부 진동수와 같아져 생기는 껴울림 현상이다. 영화 〈양철북〉에서 주인공은 목소리만으로 유리잔을 깬다. 마찬가지로 껴울림 현상이다. 마이크가 스피커와 가까우면 간혹 커다란 소음을 만들어 사람들이 귀를 막으며 괴로워하는 일이 생긴다. 이것도 껴울림 현상으로 이해할 수 있다.

라디오에서 듣고자 하는 방송 전파에 주파수를 맞추는 것도 마찬가지다. 주파수를 조정하는 동그란 모양의 다이얼 안쪽에는 돌리면 겹치는 면적이 변하는 축전기가 붙어 있다. 축전기의 전기 용량을 변화시켜 라디오 전자회로의 고유 진동수를 조절해 방송 전파의 외부 진동수에 맞추면 회로에 큰 전류가 흐르는 껴울림 현상이 일어난다. 전자레인지 안에 음식물을 담은 접시를 넣고 작동시키면 접시는 뜨거워지지 않고 음식물만 뜨거워지는 이유도 껴울림 현상 때문이다. 전자레인지가 만드는 마이크로웨이브 전파의 외부 진동수를 물 분자의 고유 진동수에 맞춰놓아 물을 포함한 음식만 온도를 올린다. 이뿐 아니다. 아마도 머잖아 대중적으로 사용될 것이 분명한 휴대전화의 무선 충전도 상대적으로 먼 거리에서 충전이 가능하게 하기 위해 껴울림 현상을 이용할 것이다.

사회현상에서도 이러한 껴울림 현상으로 유추할 수 있는 것이 있다. 한국뿐 아니라 전 세계의 자살률은 계절에 따라 변한다. 독자는 대부분 겨울에 자살률이 높을 것이라고 예상하겠지만 사실은 그렇지 않다. 한국의 경우는 초여름인 6월 자살률이 다른 달보다 높은데, 이는 매년 반복된다. 참고로 지구 남반구에서는 반대로 그곳이 여름인 12월 자살률이 높다. 이것도 분명히 일종의 껴울림 현상임에는 맞지만, 왜 그런지 나는 모르겠다.

때맞음은 어떤 물체의 시간(때)에 대한 움직임이 서로 맞춰지는 것을 뜻한다. 내가 강연할 때 청중에게 자주 부탁하는 것이 있다. "다른 사람들의 박자에 맞춰 함께 박수를 쳐달라"라는 것이다. 시간이 조금만 지나면 많은 사람이 박자를 맞춰 박수를 치게 된다.

언뜻 생각하면 신기할 것 없는 현상임에도 내가 여기에 관심을 두는 이유는 바로 최종적으로 합의된 박자는 어느 한 사람이 만든 것이 아니기 때문이다. 박자를 맞춘(즉, '때맞음'된) 박수에서는 어느 누구도 지휘자가 아니었다. 누가 일어나서 '하나, 둘' 하고 외치지 않았으니까. 누구도 지휘자가 아니었지만, 달리 생각하면 사실 모두가 지휘자였다고 할 수도 있다.

이와 같은 때맞음 현상도 앞의 껴울림 현상처럼 상당히 광범위한 영역에서 일어난다. 벽에 매달린 진자시계 두 개가 어느 정도 시간이 지나면 함께 움직인다는 것은 300여 년 전 네덜란드 물리학자 하위헌스가 이미 발견한 바 있다. 동남아시아에 사는 반딧불이의 한 종류는 엄청나게 많은 수가 한 나무에 앉아 동시에 박자를 맞춰 깜빡깜빡 빛을 내는 장관을 연출하기도 한다. 어느 한 마리가 지휘한 것도 아닌데 말이다.

주식시장에서 어떤 때는 별다른 이유가 없는데도 주가가 폭등하거나 폭락한다. 주식을 거래하는 수많은 투자자가 동시에 '팔자' 혹은

'사자' 주문을 내기 때문이다. 때맞음 현상이다. 무생물인 진자시계, 곤충인 반딧불이, 그리고 사회를 이루는 만물의 영장 인간까지, 이처럼 다양한 집단에서 관찰되는 때맞음 현상의 바탕을 이루는 가장 중요한 조건은 집단을 이루는 구성원끼리 서로 영향을 주고받는다는 것이다. 귀를 막고 눈을 감고 다른 청중의 박수에 맞춰 박수를 칠 수는 없으니까 말이다.

집단적인 때맞음은 많은 경우 피드백으로 말미암아 그 규모가 점점 더 커지게 된다. 박자에 맞춰 박수를 치는 열 명이 만들어지면 곧이어 열 명이 스무 명이 되고, 그다음에는 더 멀리 떨어진 사람들도 소리를 듣고 박자를 맞춰 합류하게 되는 것, 이것이 바로 피드백 현상이다. 한 사회에서 자연스럽게 생기는 여론의 형성, 짧았다 길어졌다 하는 여성의 치마길이, 사람들의 이름 유행 등 많은 사회 현상이 때맞음 현상을 보여준다. 어느 누가 목소리 높여 "나를 따르라" 하고 외치지 않는데도 말이다.

민주주의도 그런 것이 아닐까. 사람들이 서로 영향을 주고받으면서 전체적으로는 옳은 의견으로 수렴되는 그런 것 말이다.

2

사춘기 딸 이야기
자연스러움은 자연스러운가?

물은 아래로 흐른다. 사람의 힘으로 논에 물을 길어 올린 조선 시대 수차를 쓰거나 전기로 작동하는 양수기를 쓰면 거꾸로 아래에서 위로 물을 퍼 올릴 수도 있으니 항상 들어맞는 말은 아니다. 그래도 역시 물은 '가만히 두면' 아래로 흐르는 것이 자연自然스럽다. 이처럼 자연自然에는 자연自然스러운 것이 참 많다. 겨울 강물은 위부터 얼기 시작하고, 여름날 땡볕 아래 작은 물웅덩이는 점점 말라 없어진다. 하늘로 올라간 수증기는 다시 한데 모여 몽실몽실 구름을 이루어 비를 내린다. 하나같이 다 자연스러운 과정이다. 마찬가지로, 설거지를 하다가 나의 손을 떠나 바닥에 떨어져 여러 조각으로 부서지는 접시는 자연스럽지만(자연스러워도 이후에 생길 일을 생각하면 두렵다), 부서진 접시 조각들 하나하나가 바닥에서 저절로 튀어올라 다시 온전한 접시로 모여 손 위에 예쁘게 내려앉는 일은 부자연스럽다(그래도 가끔 생겼으면 좋으련 만). 이처럼 사물들이 시간에 따라 변하는 것을 보면 삼척동자라도 어떤 변화가 자연스러운지 자연스럽지 않은지 너무나 자연스럽게 이해할 수 있다.

왜 어떤 과정은 자연스러워 보이고 왜 어떤 것들은 자연스러워 보이지 않는지 이해하는 것은 많은 물리학자들을 괴롭혀온 문제다. 그 이유는, 입자 하나하나를 다루는 미시적인 물리학의 운동 법칙이 시간을 되짚어도 전혀 바뀌지 않기 때문이다. 고전역학에 의해 지배되는 물리계에서 그 안의 모든 입자들을 일일이 하나씩 손가락으로 집어 속도를 정확히 싹 뒤집어놓을 수만 있으면, 모든 입자들은 지금까지 진행했던 궤적을 정확히 되짚어 과거로 나아간다. 정확히 같은 물리 법칙을 따라서 말이다. 한쪽 방향의 변화가 자연에서 관찰되면 그 반대 방향의 변화가 자연에서 관찰되는 것도 별로 이상하지 않다는 것이 물리학 운동 법칙이 우리에게 알려주는 사실이다. 그런데도 왜 아래에서 위로 올라가는 폭포처럼, 어떤 방향의 변화는 누구에게나 너무나 부자연스러워 보일까.

◈

태양과 태양 주위를 도는 지구가 모두 점으로 보일 정도로 아주 멀리서 지구의 움직임을 비디오로 녹화해서 거꾸로 틀어준다고 하자. 동영상을 보는 대부분의 사람은 별로 이상하게 생각하지 않을 것이다. 물론 자세히 살펴보면 동영상 속 지구의 공전 방향이 학교에서 배운 방향의 반대로 보인다. 하지만 지구의 움직임을 지구 공전궤도면의 반대쪽(즉, 보통 그리듯이 북쪽이 아니라 남쪽)에서 본 모양이라고 생각하면 이상할 것이 하나 없다. 화면의 해상도가 엄청나서 지구 표면을 확대해 볼 수 있다면 이야기는 달라진다.

거꾸로 튼 동영상 속 사람들은 앞이 아니라 뒤로 걷는다. 이처럼 시간을 되짚어 볼 때 시간에 따른 변화가 자연스러워 보이는지 아닌지는 보고 있는 대상을 기술하는 자유도degree of freedom가 적을 때와 많을 때에 따라 다르다. 몇 안 되는 자유도로 기술되는 멀리서 본 지구와 태양의 움직임 경우는 시간을 되짚어 봐도 이상해 보이지 않고 자연스럽다. 하지만 많은 자유도로 이루어진 사람 한 명의 움직임은 시간을 뒤집으면 사람이 거꾸로 걸어 부자연스러워 보인다.

다른 예도 있다. 방 하나의 가운데를 뚝 잘라 두 개의 작은 방으로 나눈다고 상상해보자. 방 전체에 기체 분자가 달랑 하나만 있다면 그놈이 왼쪽 방에 있다 오른쪽 방에 있다 왔다 갔다 할 것이다. 상상 속에서 스냅 사진을 여러 번 찍어보면 당연히 기체 분자가 왼쪽 방에 있는 사진이 절반, 오른쪽 방에서 찍혀 있는 사진이 절반일 것이다. 기체 분자가 둘이 되면 어떨까. 둘 모두 왼쪽 방에 있다가 조금 시간이 지나서 하나는 왼쪽으로 다른 하나는 오른쪽으로 움직이는 변화도 이상할 것이 없고, 사이좋게 왼쪽, 오른쪽에 하나씩 있던 분자가 한 방으로 몰려가는 변화도 부자연스럽지 않다. 이걸 스냅사진으로 여러 번 찍어보면 많은 사진 중 1/4의 사진에는 왼쪽에, 다른 1/4의 사진에는 오른쪽에 기체 분자 둘 모두가 있는 것이 보이고, 왼쪽, 오른쪽에 분자가 하나씩 찍힌 사진이 전체 사진의 절반이 된다.

그런데 기체 분자가 점점 많아지면 희한한 일이 생긴다. 100개의 분자가 모두 왼쪽 방에 있는 상황에서 시작해 시간이 지나 절반 정도가 오른쪽 방으로 옮겨가는 변화는 자연스럽다. 거꾸로 분자들이 고루 퍼져 왼쪽에 50개 오른쪽에 50개로 나뉘어 있는 상황에서 시작해서 모두가 왼쪽 방에만 모여 있고 오른쪽 방은 텅 빈 상황으로 변화하는 것은 어쩐지 부자연스럽다. 두어 개의 분자가 한쪽에 몰려 있는 것은 이상한 일이 아니지만, 100개의 입자가 한쪽에 몰려 있는 것은 아무리 생각해도 자연스럽지 않다고 생각할 것이다. 기체 분자가 많거나 적거나 정확히 같은 물리 법칙을 따라 운동함에도 불구하고 말이다.

100개의 기체 분자들이 마음대로 왔다 갔다 하도록 충분히 기다린 다음에 스냅사진을 찍어보자. 아무리 사진을 여러 번 찍어도 기체 분자들이 한쪽에 몰려 있는 사진 한 장을 얻기가 어렵다는 것(이 확률은 1/2의 100제곱이므로 10^{-30} 정도의 확률)을 쉽게 알 수 있다. 사실 열역학 제2법칙 혹은 엔트로피 증가의 법칙이라는 무시무시한 이름으로 불리는 것이 바로 이 이야기다. 사실 별것 아니다. 일어날 가능성이 작은 상황에서 큰 상황으로의 변화(한쪽 방에 몰려 있던 분자들이 전체로 퍼지는 변화)는 자연스럽지만, 그 반대(고루 퍼져 있던 분자들이 방의 절반 한쪽에만 모이는 상황으로의 변화)는 부자연스럽다는 이야기다. 엔트로피 증가의 법칙이라고 어렵게 부르지만, 쉽게 말해 우리가 맨눈으로 볼 수 있을 정도로 거시적인 세상(자유도의 수가 100보다도 훨씬 큰 세상)에서는 확률 높은 일은 반드시 일어나게 마련이라는 것이다. 일어날 가능성이 큰 일은 일어나기 마련이라는 이야기일 뿐이니, 운동 법칙의 '시간 되짚음 불변성'*과 모순되는 것이 아니다.

보통은 이처럼 엔트로피 증가를 이용해 자연스러운 시간의 방향을 이야기하지만, 매우 온도가 낮은 상황에서는 사실 엔트로피보다는 에너지를 생각해야 한다. 물이 높은 곳에서 낮은 곳으로 흐르는 자연스러운 변화도 사실 엔트로피가 아니라 에너지로 설명하는 편이 더 자연스럽다. 중력에 의한 위치에너지는 산꼭대기보다는 산 아래가 낮고, 따라서 물은 계곡을 따라 아래로 흐른다. 에너지(E)가 고정된 상황에서 내버려두면 엔트로피(S)가 커지는 방향으로 변화해가는 것, 엔트로피(S)가 고정된 상황에서 내버려두면 에너지(E)가 낮은 방향으로 변화해가는 것, 둘은 모두 주어진 거시적 물리계가 평형에 도달하는 과정을 설명하는 이야기다. 사실 물리학자들은 이 둘을 하나로 합한 자유에너지(F)라는 양을 더 좋아한다. 수식으로 적으면 온도가 T일 때 $F = E - TS$로 간단히 쓰이는데, E가 고정된 상황에서 S가 커지는 변화, 그리고 S가 고정된 상황에서 E가 줄어드는 변화가 둘 모두 F를 줄이는 방향의 변화가 되는 것이다. 즉, 거시적인 물리계는 내버려두면 항상 F가 줄어드는 방향으로의 변화가 자연스럽게 생기게 된다. 자유에너지를 생각하면 어떤 방향으로의 변화가 더 자연스러운지 쉽게 생각할 수

---

* 수식 꼴로 적힌 물리학의 운동 법칙에서 시간 t의 부호를 바꿔 −t로 해서 시간변화의 방향을 뒤집어도 수식의 꼴이 바뀌지 않는 것.

있는 경우가 많아진다.

온도가 낮아지면 물은 얼음이 된다. 극단적으로 절대온도 T가 영이 되면 F=E-TS는 그냥 F=E가 되고, 물리계가 도달하고 싶은 평형상태가 다름 아닌 에너지가 가장 낮은 상태가 된다. 그리고 상호작용하는 분자들이 가장 낮은 에너지를 갖는 상황은 이들이 사이좋게 열 지어 늘어서는 고체 상태이고, 이때 물은 얼음이 된다. 거꾸로 온도가 아주 높아지는 상황을 생각해보자. 이때는 T가 워낙 커서 E를 무시할 수 있고 따라서 F=-TS가 된다. 이제는 분자들이 마구잡이로 아무 곳에나 있는 상태가 S가 크니 F를 최소화하는 상태가 된다. 이래서 불을 때면 물이 끓어 수증기가 되는 것이다. 지금까지의 이야기를 정리하자. 우리가 '자연스럽다'라고 생각하는 변화의 방향은 물리계를 가만히 내버려둘 때 그 물리계가 평형에 도달하는 방향이다. 이 변화의 과정에서 자유에너지는 점점 줄어들어 가장 작은 값을 가지게 된다.

◈

사람이 나서, 살다, 죽어, 흙으로 돌아가는 것도 역시 자연스러운 일이다. 〈벤자민 버튼의 시간은 거꾸로 간다〉라는 영화에서는 주인공이 노인으로 태어나 점점 젊어지다 결국은 태아의 몸으로 생을 마감하는 이야기가 나온다. 이런 일이 정말로 자연스럽지 않다는 데에 누구든 동의할 것이다(다시 이야기하지만 이렇게 하루하루 젊어지는 것이 물리학의 근본적인 운동 법칙을 위반하는 것은 아니다. 하지만 이런 일이 생길 가능성은 상상할 수 없을 정도로 작다). 생명활동의 중단과 같은 사람 몸의 시간에 대한 변화는 열역학 제2법칙으로 이해할 수 있다. 사람 몸을 이루고 있는 모든 원자들이 결국 공간에 흩뿌려지는 것이 자연스러운 변화의 방향이라는 이야기다. 살아 있는 사람이라면 이야기는 전혀 달라진다. 거시적인 물리계를 가만히 내버려두면 점점 자유에너지가 낮아지는 평형 상태로 가게 된다고 했는데, 사실 여기서 조심해야 할 것이 '가만히 내버려두면'이라는 가정이다. 가만히 내버려두지 않고 밖에서 툭툭 치면서 영향을 주면 당연히 주어진 물리계의 자유에너지가 낮아지는 평형 상태로 갈 이유가 없다.

인간이 태어난 직후에는 인간 머릿속 신경세포를 연결하는 시냅스의 연결이 많고 다양하다. 아이가 태어나 변화무쌍한 외부 세상과 접촉을 시작하면 1년도 안 되는 짧은 기간 안에 태어날 때 가지고 있었던 많은 시냅스 연결이 없어져버린다. 대신 살아남은 시냅스의 연결은 강화되는 방향으로 구조적인 변화가 일어난다. 그렇다면 무질서한 구조로부터 시작해서 점점 더 질서를 갖는 구조로의 변화 방향은 열역학 제2법칙으로 설명할 수 없다. 하지만 이 변화를 열역학 제2법칙으로 설명할 수 없다고 해서 열역학 제2법칙에 위배되는 것은 아니라는 점이 중요하다. 다만 '가만히 내버려두면'이라는 열역학 제2법칙이 성립하기 위한 가정이 이 경우에는 맞지 않을 뿐이다.

외부에서 끊임없이 제공되는 정보에 의해서 어린 아이의 머리는 '가만히 내버려둔' 상태가 아니라는 이야기다. 하지만 동시에 인간이 태어나 외부 자극의 영향으로 뇌 속 시냅스들의 연결이 보다 구조적인 효율성을 갖는 방향으로 변화하는 것도 여전히 '자연스러운' 과정으로 보인다. 아이가(40대 후반의 대학교수가 아니라!) 학년이 올라가면서 하나씩 더 배우는 쪽이 자연스럽지, 매일 알고 있던 내용을 잊어버린다는 이야기는 별로 자연스러워 보이지 않는다. 비록 배우는 과정에서 머릿속 엔트로피는 줄어들지만 말이다.

평형을 향해 한 걸음씩 나아가는 물리계에서는 어떤 변화의 방향이 자연스러운지 어렵지 않게 이해할 수 있었다. 그렇다면 새로운 것을 배우는 아이의 머릿속처럼 평형에서 멀리 떨어져 있는 시스템의 경우에도 우리가 어떤 변화의 방향이 자연스럽다는 이야기를 할 수 있을까. 질문은 계속 이어진다. 이런 경우에는 '가만히 내버려둔다'라는 것이 무슨 뜻일까. 확장된 의미의 '가만히 내버려둠'에 의해서 비평형 시스템에 생기는 변화까지 모두 우리에게 '자연스러운 것'으로 보일까.

'자연自然'의 원래 뜻은 '스스로 그러함'이다. 외부로부터 끊임없이 정보와 에너지를 공급받고 변화해가는, 세상에서 가장 복잡한 시스템도 '가만히 내버려두면' 스스로 어떤 의미로는 '자연스러운 방향'으로 변하는 것일까. 그렇다면 어떻게 하는 것이 '가만히 내버려두는 것'일까. '자연스러운 것'은 좋은 것일까. 사춘기 딸 이야기가 되어버렸다.

3

현미경으로 시를 읽는 사람은 없다
환원할 수 없는 아름다움의 비밀은 '관계맺음'

오다걸 약워사

가고 말꽃죽

보실도 그뿌 꽃려 나진즈오에.

울리밟 나아

오다는이

인리 가겨 보놓 겨다 가음래에름.

워옵니 보변 기걸

기영 드 산때

리시눈 뿐에 이다 에어리는히.

시 길없가 역리리

따가 서는실

내실고 때음 가물 소역달홀아.

나 보기가 역겨워

가실 때에는

말없이 고이 보내 드리오리다.

영변에 약산

진달래꽃

아름 따다 가실 길에 뿌리오리다.

가시는 걸음 걸음

놓인 그 꽃을

사뿐히 즈려 밟고 가시옵소서.

나 보기가 역겨워

가실 때에는

죽어도 아니 눈물 흘리오리다.

위의 두 시는 한국 사람이면 누구나 아는 김소월의 「진달래 꽃」이다. 다만 앞의 시(시라고 할 수도 없어 보이지만)는 원래의 시를 간단히 컴퓨터 프로그램을 이용해서 바꿔 적어본 것이다. 혹시 내가 어떻게 했는지 아는가? 나는 원 시에 나오는 모든 글자 하나하나를 뒤죽박죽 순서만 바꿔서 만들었다. 원래의 「진달래 꽃」은 언제 다시 읽어도 가슴 저리게 아름답지만, 원래의 시와 정확히 똑같은 글자들을 정확히 똑같은 개수만큼, 똑같은 7·5조의 운율로 적은 첫 번째 글은 왜 아름답지 않을까. 시의 아름다움은 시를 이루는 구성 요소 하나하나의 아름다움이 아니다. 현미경으로 시를 읽는 사람은 없다.

그림을 하나 보자. 〈그림1〉의 위쪽 그림이 도대체 무슨 그림인지 알아볼 수 있는 사람은 아무도 없다. 사실 이 그림은 미술에 문외한인 나도 알고 있을 정도로 유명한 인상파 화가 모네Claude Monet의 아래쪽 그림이다.(〈아르장퇴유 부근의 개양귀비꽃oquelicots, environs d'Argenteuil〉) 앞에서 보여준 「진달래 꽃」처럼 모네의 원 그림을 컴퓨터 파일로 저장하고, 그림의 화소 하나하나를 같은 그림의 다른 위치에 있는 화소와 뒤죽박죽 섞은 것이다. 즉, 위쪽의 재미없는 그림도 아래쪽의 아름다운 그림과 정확히 같은 색깔의 정확히 같은 수의 화소로 이루어져 있다.

이 재미없는 그림에서 점 하나하나를 집어내어 (조각 그림 맞추기 퍼즐처럼) 주의 깊게 잘만 나열한다면 당연히 원래의 아래쪽 멋진 그림이 된다(행여 시도는 하지 마시라. 자손 대대로 물려가며 평생 해도 안 된다. 아래쪽을 위쪽으로 만들기는 쉬워도 거꾸로는 어렵다는 것이 바로 물리학의 열역학 제2법칙이다). 두 그림에서 느끼는 엄청난 미감의 차이는,

세상물정의 물리학

© Photo RMN, Paris

그림1 위쪽 그림은 모네의 원 그림(아래쪽)의 모든 화소를 뒤죽박죽 순서를 바꿔
서 만든 것이다.

미술 작품의 아름다움이 구성 요소 하나하나의 아름다움으로 환원될 수 없기 때문임을 보여준다. 현미경으로 미술 작품을 감상하는 사람도 없다.

이처럼 예술 작품에서 우리가 느끼는 아름다움이 작품의 작은 구성 요소 하나하나로 환원될 수 없는 것이라면, 결국 그 아름다움은 구성 요소들 사이 '관계맺음'의 문제이다. 같은 구성 요소라도 서로 어떻게 관계를 맺는지에 따라 아름다운 시가 말도 안 되는 쓰레기 글이 되기도 하고, 화사한 봄날 꽃밭을 거니는 꽃을 든 귀여운 여자 아이가 '지지직' 소음을 내며 나오는 고장난 텔레비전 화면이 되기도 한다. 예술 작품을 구성하는 요소들을 선택하고 그 요소들 사이의 관계를 치밀하게 조정하는 것, 그런 탁월한 능력을 가진 사람들이 바로 내가 늘 경외의 눈으로 바라보는 예술가들이다.

◈

'진달래 꽃'이라는 단어에는 모두 네 개의 글자가 있다. 이 네 개의 글자를 뒤죽박죽 섞으면 '꽃달래 진'처럼 말이 안되는 단어들이 주로 나오지만, 사실 정확히 '진달래 꽃'이라고 나올 확률이 1/24이어서 100번 하면 그래도 약 네 번은 정확히 '진달래 꽃'이 나온다. 한편 '진달래 꽃'이라는 제목을 갖고 있는 김소월의 시에는 모두 96개의 글자가 있다. 96개의 글자들을 마구잡이로 뒤섞으면 대부분 이해 불가능한 시가 된다(글 맨 앞의 판독 불가능 시처럼). 하지만 마구잡이로 글자를 뽑아도 우연히 원래의 아름다운 시 「진달래 꽃」이 정확히 구성되는 것이 불가능하지는 않다. 그 확률은 약 10^{-130} 정도로 무척이나 작은 값이다. 우주의 나이가 현재 약 10^{10}년인 것을 생각하면 글자들을 뒤죽박죽 섞고서 아름다운 시 「진달래 꽃」이 튀어 나올 가능성은 없다고 할 수 있다. 이처럼 모든 예술 작품들은 하나하나 엄청난 우연이다. 예술가들은 이런 우주적인 규모의 우연을 현실로 구현하는 사람들인 것이다. 다음에는 아래 글을 소리 내지 말고 가능한 한 빨리 눈으로만 읽어보라.

캠릿브지 대학의 연결구과에 따르면, 한 단어 안에서 글자가 어떤 순서로 배되열어 있는가 하것는은 중하요지 않고, 첫째번와 마지막 글자가 올바른 위치에 있것는이 중하요다고 한다. 나머지 글들자은 완전히 엉진창망의 순서로 되어 있지을라도 당신은 아무 문없제이 이것을 읽을 수 있다.

이번에는 천천히 읽어보라. 내가 인터넷에서 찾은 이 재미있는 글에는 수많은 오류가 있지만, 우리의 뇌는 하나하나의 음절에 주의를 집중하는 대신 단어들의 패턴, 특히 한 단어의 첫 자와 끝 자를 보고 그 단어의 의미를 지레짐작한다. 이처럼 글이 의미를 전달할 때 우리는 작은 구성 요소 하나하나에 주의를 기울이기보다 구성 요소들의 모임으로부터 패턴을 추출하고 그 패턴을 인식한다. 의미는 구성 요소 하나하나가 아닌 그들의 짜임, 곧 관계맺음의 패턴으로부터 나온다는 말이다.

이처럼 우리가 대상을 인식할 때 먼저 패턴을 추출하고 그러고는 그 패턴을 하나의 단위로 인식한다는 것을 잘 보여주는 예들이 바로 인상파 화가들의 그림들이다. 위에서도 소개한 모네의 그림을 조금씩 확대해 보자(〈그림2〉). 귀여워 보이는 여자아이의 얼굴도, 그리고 손에 들고 있던 아름다운 빨간 꽃도 자세히 보면 이리저리 뭉쳐놓은 물감 덩어리일 뿐이다. 인상파 화가뿐 아니라 다른 시각예술의 대가들은 하나같이 교묘한 속임수의 전문가들이다. 물감 덩어리를 여기 조금, 저기 조금 흩뿌려놓고는, 그 말도 안되는 것을 순진한 감상자들에게 '화사한 봄날 엄마 옆에서 예쁜 꽃을 들고 선 앙증맞은 귀여운 여자 아이'라고 우긴다. 하지만 작가들만 탓할 수는 없다. 왜냐하면 이런 엉터리 물감 덩어리로부터 '빨간 꽃을 든 귀여운 여자 아이'를 만들어내는 것(혹은, '캠릿브지'라고 보여줘도 '캠브릿지'라고 읽는 것)은 이 그림을 그린 화가가 아니라, 바로 그 그림을 보고 있는 우리의 머릿속이기 때문이다.

다시 또, 예술 작품은 결국 관계맺음의 문제다. 보여주는 이와 보는 이의 관계맺음. '캠릿브지'라고 적은 사람과 '캠브릿지'라고 읽는 사람의 반집 싸움(박민규, 「축구도 잘해요」, "문학이란 메리크리스마스라고 쓰지 않고 매리크리스마스라고 쓰는 것. 메리와 매리의 반집 싸움"에서 따왔다).

그림2 모네 그림의 작은 부분을 차례로 확대한 그림

이렇게 '보여지기 위해서 다 보여줄 필요 없다'라는 것이 인상파 화가들의 커다란 발견이지 않았을까. 내가 읽은 유일한 서양 미술사 책(유명한 곰브리치의 『서양 미술사』(예경, 2003))에서 알게 된 흥미로운 그림이 있다. 얀 반 아이크Jan van Eyck의 〈아르놀피니 부부의 초상The Arnolfini Portrait〉이라는 그림은 그림 안의 작은 볼록 거울에 부부의 뒷모습과 함께 화가 자신의 모습이 그려져 있고, 강아지의 세세한 털까지도 정교하게 묘사된 그림으로 유명하다. 얀 반 아이크의 그림과 모네의 그림을 나란히 두 개씩 넣은 것을 보자. 각각의 오른쪽 그림은 원래의 왼쪽 그림을 정량적으로 정확히 같은 정도만큼 흐릿하게 만들어 그린 그림이다. 모네의 오른쪽 그림을 보면, 이 그림이 아무런 인위적인 과정을 거치지 않은 원 그림이라고 이야기해도 아마도 누구나 믿을 것처럼 자연스러워 보인다. 어차피 인상파 화가들의 그림은 이런 식으로 세세한 것은 빼먹고 그리는 그림이니까. 하지만 얀 반 아이크의 오른쪽 그림은 초점이 안 맞은 사진처럼 아무래도 부자연스러워 보인다. 그리고 그 차이는 '감상자에게 보여주려면 세세히 다 보여줘야 한다'라는 화가와 '대충만 보여줘도 보는 사람이 그 빈틈을 채워서 알아서 다 보던데 뭘' 하고 생각한 화가의 차이이다.

다시 또, 모든 예술 작품은 결국 관계맺음의 문제. 작품을 구성하는 요소들 사이의 관계맺음, 그렇게 관계 맺어져 하나의 전체가 된 작품과 그 작품을 보는 사람 사이의 관계맺음. 인상파 화가들의 성공의 절

그림3 〈아르놀피니 부부의 초상〉의 원 그림(위 왼쪽)과 이를 흐릿하게 만든 그림 (위 오른쪽). 아래 그림은 모네의 원 그림과 이를 흐릿하게 만든 그림이다. 두 그 림을 흐릿하게 만든 정도는 정량적으로 동일함에도 불구하고 모네의 그림은 자 연스러워 보이지만, 얀 반 아이크의 그림은 초점이 안 맞은 사진처럼 부자연스러 워 보인다.

반은 그림을 보는 우리가 만들었다. 이런 방식의 관계맺음에서 결국 예술가가 하는 일이란 작품과 감상자의 관계맺음의 구체적인 내용을 제공하는 것이 아니라, 관계맺음의 플랫폼, 즉 '감상자가 참여해 뛰어놀 수 있는 마당'을 제공하는 것이 아닐까. 그 플랫폼 위에서 구체적으로 무엇이 보여지고 무엇을 볼지는 우리가 작품 앞에 마주서기 전에는 결정되지 않는다.

이뿐 아니다. 요즘 급증하고 있는 다양한 오픈소스 프로젝트의 아이디어는 또 다른 의미의 관계맺음을 제공한다. 작품을 만드는 사람들 사이의 관계맺음. 〈그림1〉에서 개별 화소 하나하나가 전달할 수 있는 것과, 수많은 화소들이 서로의 관계맺음으로 만든 아름다운 전체 그림을 비교해보고 그 그림의 한 화소를 한 작가로 생각해보라. 수많은 작가들의 공동 작업에 의해 만들어지고 감상에 참여하는 수많은 사람들에 의해 실시간으로 변화되며 진화해나가는 전 세계적 규모의 작품의 출현을 상상해보라. 이런 새로운 관계맺음에서 작가나 감상자나 어느 누구도 이제 더 이상 섬이 아니다.

4

왜 슬픈 예감은 틀린 적이 없을까

사랑과 미움은 비대칭적이다

그리스 신화의 아폴로와 다프네 이야기를 들어보았는가. 활쏘기의 명수인 아폴로는 작고 귀여운 활을 쏘는 큐피드를 놀리다 약이 오른 큐피드의 금 화살을 맞는다. 큐피드는 또 납 화살을 쏘아 아름다운 요정 다프네를 맞힌다. 금 화살을 맞은 아폴로는 다프네를 사랑하게 되어 계속 그 뒤를 쫓고, 납 화살을 맞은 다프네는 아폴로를 싫어하게 되어 도망다니다, 결국 그녀를 불쌍히 여긴 강의 신에 의해 월계수 나무가 되었다는 이야기. 우리 모두 겪어본 일이다. 난 저 아이가 좋은데 왜 저 아이는 날 싫어할까. 남녀관계뿐이겠는가. 직장이면 직장, 학교면 학교, 친해지거나 같이 일하고 싶은 누군가가 있다고 해서, 그 사람도 나를 마찬가지로 생각한다는 보장은 없다.

내가 몸담고 있는 한국복잡계학회에서는 매년 11월 마지막 토요일 학술대회를 개최한다. 한번은 김대중 박사의 흥미로운 연구 발표를 접하게 되었다. 한 기관 구성원들에게 함께 일하고 싶은 다섯 명, 함께 일하고 싶지 않은 다섯 명을 묻고 이를 이용해 사람들 사이의 좋고 싫어하는 관계의 익명 네트워크를 구축해 분석한 연구였다. 발표를 재미있게 듣고 김대중 박사에게 공동연구를 제안했고, 이후 내 연구그룹의 성균관대 박혜진 씨와 부경대 이수도 박사와 함께 연구를 진행했다.

〈그림1〉의 네트워크가 바로 연구에 사용된 익명의 자료를 이용해 그린 것이다. 만약 구성원 A가 B와 함께 일하고 싶어 한다면 A에서 B로 향하는 파란색 화살표로, 반대로 A가 B를 싫어한다면 붉은색 화살표로 표시했다. 또, A를 좋아하는 사람이 싫어하는 사람보다 많으면 A를 파란색 동그라미로, 거꾸로 A를 싫어하는 사람이 더 많으면 붉은색 동그라미로 표시했다. 많지는 않지만 흰색 동그라미는 A를 좋아하는 사람과 싫어하는 사람이 정확히 같은 숫자라는 뜻이다.

그리 크지 않은 네트워크이지만 구성원 한 사람 한 사람이 파랗고 붉은 화살표를 각각 다섯 개씩 내보내니 전체 그림을 그려보면 상당히 복잡해져 한눈에 네트워크의 특성을 알아보기 어렵다. 그래도 자세히 보면 그림의 가운데에 몰려있는 붉은색 동그라미들이 다른 사람들로부터 상당히 많은 붉은색 화살표를 받고 있는 것이 보인다. 즉, 대여섯 명의 소수 사람이 많은 사람들로부터 미움을 받는다는 말이다. 이처럼 복잡한 그림도 원하는 정보만 골라 간략하게 다르게 그리면 더 명확한 이야기를 할 수 있다.

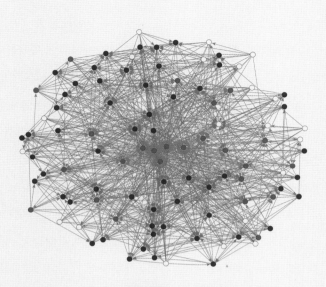

그림1 좋고 싫음의 익명 네트워크

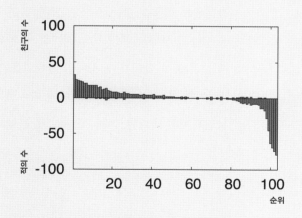

그림2 막대그래프로 살펴본 친구와 적의 숫자

〈그림2〉는 친구가 많은 사람(즉, 다른 사람들로부터 파란색 화살표를 많이 받는 사람)의 순서로 왼쪽부터 오른쪽으로 사람들을 줄 지어 세워 놓고, 세로축의 플러스 쪽에는 친구의 숫자를, 마이너스 쪽에는 적의 숫자(다른 사람들로부터 받은 붉은색 화살표의 수)를 막대그래프 형태로 그린 것이다. 먼저 한눈에 볼 수 있는 사실은 친구가 많은 사람은 적이 거의 없고, 적이 많은 사람은 친구가 거의 없다는 것이다. 살면서 피부로 느끼는, 어찌 보면 당연한 사실이지만, 이처럼 실제의 자료를 이용해서 정량적인 결과로 보는 것도 의미 있는 일이다.

또 하나 흥미로운 것은 친구의 숫자를 보여주는 파란색 막대는 천천히 줄어드는 데 비해 적의 숫자를 보여주는 붉은색 막대는 마지막 부분에 급격히 늘어난다는 사실이다. 즉, 사람들이 가지고 있는 친구의 숫자는 고만고만하지만, 적의 숫자는 들쑥날쑥해서 심지어는 구성원 전체 80% 정도의 사람들에게 미움을 받는 사람도 있다. 한편 친구가 가장 많은 사람의 친구 수는 구성원 전체의 30% 정도를 넘지 않는다. 청소년 문제에서 '왕따'는 익숙한 단어지만, 왕따의 반대말은 언뜻 떠오르지 않는 것도 마찬가지가 아닐까. 많은 사람들에게 미움받는 소수의 존재는 일반적인 사회관계의 네트워크에서도 폭넓게 관찰되는 보편적인 특징일지 모른다.

◈

'사랑'과 '미움'이 보여주는 행태가 다르다는 것은 시간에 따른 네트워크 구조의 변화에서도 볼 수 있다. 네트워크의 많은 연결선 중 어떤 연결선은 시간이 지나면 '친구' 관계에서 '적' 관계로 변할 수도, 또 그 반대도 가능하다. 없던 연결선이 새로 생겨 '친구' 혹은 '적' 관계로 만들어지기도 하고, 있던 연결선이 시간이 지나 없어질 수도 있다. 만약 두 사람을 잇는 연결선이 없다면 둘 사이의 관계가 친구도 아니고 적도 아닌 '중립'적인 관계임을 의미한다. 3년의 기간 동안 연결선의 특성이 어떻게 변했는지를 추적해보니, 흥미로운 사실을 볼 수 있었다.

'친구' 관계는 3년이 지나도 여전히 70%는 '친구' 관계로 남아 있는 데 비해, '적' 관계는 3년이 지나면 50% 정도만이 유지된다. 즉 '친구' 관계의 지속성이 '적' 관계의 지속성보다 크다는 뜻이다. 또 다른 흥미로운 사실은 '친구'가 '중립'으로 바뀔 수는 있지만(약 30%의 비율), '친구'가 '적'으로 바뀌는 경우는 상당히 드물다(1%보다 작은 비율)는 점이다.

'적' 관계는 이보다도 더 극단적이어서, 3년의 시간 동안 '적' 관계가 '친구' 관계로 바뀐 경우는 단 하나도 없었다. 드물기는 하지만 그래도 친구는 적이 될 수 있지만, 적을 친구로 만들기는 그보다도 훨씬 더 어렵다는 말이다. 세상사에서 유념할 만한 결과가 아닌가. 따라서 애초에 적을 만들지 말기를. 한 번 적이 되면 친구가 되기 어렵다.

연구에 사용된 자료를 이용해 더 생각해본 것이 있다. 만약 구성원들을 적절한 수의 그룹으로 나눈다면 어떻게 사람들을 배치하는 것이 조직 내 갈등관계를 최소화할 수 있을까. 물리학자들은 이런 질문에 대한 답도 정량적인 모형을 이용해 추구한다.(궁금한 독자를 위해 조금 더 적어보자. 나와 공동연구자들은 이 네트워크의 구성원들을 몇 개의 그룹으로 나누는 문제를, 강자성-반자성 상호작용이 함께 있는 포츠Potts 모형의 바닥상태를 찾는 물리학 문제로 바꾸고, 이를 몬테카를로 방법을 이용해 풀었다.) 연구를 거의 마무리할 즈음, 상당히 흥미로운《워싱턴포스트 Washington Post》기사를 접했다. 기사에는 한 블로거가 재미삼아 만든, 중동 문제를 단순하게 표현한 네트워크가 소개되어 있었다(출처-www.washingtonpost.com/blogs/worldviews/wp/2013/08/26/the-middle-east-explained-in-one-sort-of-terrifying-chart/).

중동 국제관계에 대한 이 네트워크를 보면 내 연구와 마찬가지로 두 정치 세력 간 관계가 방향성이 있는 좋고 싫음의 화살표로 표시되어 있다. 앞서 내가 사용한 방법과 정확히 같은 방법으로. 내 공동연구자가 작성한 똑같은 컴퓨터 프로그램을 이용하여 중동 전체를 두 집단으로 나눠본 그림을 그려보았다.(〈그림3〉참조) 내가 찾은 두 집단이 국제정치의 입장에서 말이 되는지에 대한 판단은 물리학자의 영역을 넘어선다. 하지만 해외언론에 소개된 블로거의 정치 세력 간 관계에 대한 정보가 사실과 많이 다르지 않다면, 두 그룹으로 나누어본 나의 결

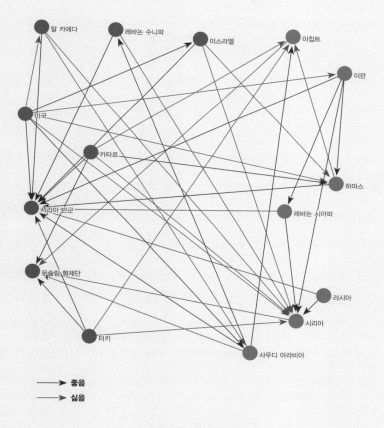

알 카에다　　레바논 수니파　　이스라엘　　이집트

이란

미국

카타르

하마스

시리아 반군　　　　　　레바논 시아파

무슬림 형제단

러시아

시리아

터키

사우디 아라비아

──▶ 좋음

──▶ 싫음

그림3 중동 국제관계 네트워크

과도 어느 정도 의미 있지 않을까. 마찬가지로 한국의 한 정당 정치인들이 서로서로의 호감, 비호감 관계의 네트워크를 만들어 나에게 준다면, 그 정당이 둘로 분당될 때 각 정치인들이 어느 쪽을 택할지에 대한 예측도 해볼 수 있을 것이다.

내 연구에 사용된 구성원들 사이의 호감, 비호감 관계에 대한 설문 자료가 어느 나라에서 만들어진 것인지, 또 그 기관이 회사인지 공공기관인지 나는 알지 못한다. 자료에 있는 사람들은 임의로 부여된 숫자로만 구별되어 그들이 남자인지 여자인지, 몇 살인지, 어디 사는지, 아무런 정보도 애초에 없었다. 아니, 눈 빠른 이라면 이미 알 수 있듯이 사실 이런 개인정보가 없어도 얼마든지 흥미로운 연구를 진행할 수 있을 때가 많다. 나와 비슷한 연구관심을 가지고 있는 학자들은 연구를 시작할 기본 자료의 부족으로 항상 목이 마르다. 요즘 많은 정부기관과 기업들이 보유하고 있는, 개인정보 없는 대량의 자료를 점점 더 공개하고 있다. 공유된 정보는 더 큰 가치를 갖는다. 어떤 정보를 어떻게 추출하고 이를 어떤 형태로 공유하는 것이 빅브라더의 위험은 피하고 빅데이터의 이득은 취하는 현명한 방법인지에 대한 사회적인 합의가 필요하다. 그래서 의미 있는 연구의 기회가 넓혀지기를 희망한다.

세상물정의 물리학

5

"왼손으로 악수합시다.
그쪽이 내 심장과 가까우니까"

저절로 어긋나는 대칭성

거울 앞에 서자. 오른손을 들어 거울 속 나에게 인사해보자. 그러면 거울에 비친 나는 놀랍게도 왼손을 내게 흔든다. 이상할 것이 하나 없다. 우리 모두가 잘 알듯 거울에 비친 모습은 왼쪽과 오른쪽이 바뀐 것이니 생기는 일이다. 여기서 질문. 왜 거울에 비친 모습에서 왼쪽과 오른쪽은 바뀌지만, 위와 아래는 바뀌지 않을까. 생명체가 아닌 거울이 어떻게 좌우와 상하가 다르다는 것을 알까. 어떻게 거울은 내 머리끝과 발바닥을 잇는 중력 방향의 모습은 전혀 바꾸지 않고 중력에 수직 방향인 좌우 방향만 싹 뒤집을까.

이번에는 한쪽 팔이 바닥에 닿도록 길게 모로 누워 거울 속 나에게 오른쪽 눈으로 윙크를 해보자. 거울에 비친 나는 왼쪽 눈을 깜박인다.

당연하지. 거울은 왼쪽과 오른쪽을 뒤집으니까. 그런데 조금만 더 생각해보라. 뭔가 이상한 점이 있다. 이번에는 내가 옆으로 누웠으니 거울이 중력과 같은 방향인 위아래 모습을 뒤집은 것이다. 그렇다면 거울은 외부의 시각정보를 처리하는 지능이 있어서, 내가 똑바로 서면 좌우를 뒤집고 내가 누우면 위아래를 뒤집을 수 있다고 해야 할까.

당연히 말도 안되는 이야기다. 내가 서든 눕든 거울 면은 그 위의 한 점에 수직으로 도달한 빛을 정확히 반대 방향으로 되돌려줄 뿐이다(사실 거울은 좌우나 상하를 뒤집는 것이 아니라 앞뒤를 뒤집는다). 즉, 똑바로 서면 중력에 수직 방향의 모습이 뒤집히고, 옆으로 누우면 중력 방향의 모습이 뒤집힌다고 거울 탓을 하지 말라는 것이다. 서든 눕든, 왼쪽-오른쪽 방향을 머리-발 방향과 다르게 식별해서 중력의 방향과 상관없이 구별하는 것은 거울이 아니라 내 두뇌다.

또 다른 실험. 아무런 자국도 없는 하얀 종이를 동그란 원모양으로 오려내어 거울에 비춰보자. 이제 거울은 아무것도 뒤집지 않는다. 아니 사실은 거울이 뒤집어 보여줘도 우리가 그것을 알 수가 없다. 동그란 하얀 종이는 이리 돌려도 저리 돌려도 항상 같은 모양이니까. 이런 동그란 원이 있으면 물리학자들은 이 모양이 '회전 대칭성rotational symmetry'이 있다고 이야기한다. 학술용어에 겁먹고 어려워할 것 하나 없다. 그냥 이리 회전하나 저리 회전하나 항상 같은 모양이라는 말일 뿐이다. 동그란 원은 옆으로 한 번 접으나 위아래로 한 번 접으나 정확히 겹쳐지는 모양이기도 하다. 즉, 이 동그란 원은 회전 대칭성뿐 아니라 왼쪽-오른쪽 뒤집음 대칭성, 그리고 위-아래 뒤집음 대칭성도 마

세상물정의 물리학

찬가지로 가지고 있다.[*]

　다음은 이 둥근 종이의 중심에서 옆으로 똑같은 거리만큼 떨어진 위치에 동그란 두 눈을 그려보자. 종이를 옆으로 굴리면 모양이 변하니 이제 두 눈이 있는 둥근 종이의 회전 대칭성은 없어졌다. 그래도 여전히 왼쪽-오른쪽 뒤집음 대칭성, 그리고 위-아래 뒤집음 대칭성은 있다는 것을 알 수 있다(내 이야기를 잘 안 듣고 보통 그리듯이 두 눈을 원의 중앙에서 약간 위에 나란히 그렸다면, 위-아래 뒤집음 대칭성은 없다). 이 종이에 이제 두 눈 한가운데에서 조금 아래에 점을 찍어 코를 그리면, 드디어 위-아래 뒤집음 대칭성이 없어져서 똑바로 선 사람의 얼굴처럼 보인다. 하지만 코 위치에 찍은 점이 있어도 여전히 왼쪽-오른쪽 뒤집음 대칭성은 남아 있다.

　얼굴 사진을 보나, 앞을 향해 똑바로 서 있는 전신사진을 보나, 우리 모두는 위-아래 뒤집음 대칭성은 없지만(이처럼 대칭성이 없는 상황을 '대칭성 깨짐' 혹은 '대칭성 어긋남'이라 부른다), 거의 완전한 왼쪽-오른쪽 대칭성을 가지고 있다. 바로 이 이유로 어린 시절 왼손-오른손을 구별하기 위해 긴 고난의 시간을 우리 모두 보내야 하지만, 아무리 어려도 손발을 모두 쓸 수 있는데 손이 아니라 발로 밥을 먹는 아이는 없다.[**]

---

[*] 물리학자들이 주어진 시스템이 대칭성이 있다고 하는 경우는 늘 이런것이다. 어떤 조작을 했는데 시스템에 아무런 변화가 없다면 그 시스템이 대칭성이 있다고 부른다. 그 조작이 회전이라면 회전 대칭성, 옆으로 살짝 옮겨놓는 조작에 대해 변화가 없다면 옮김 대칭성translational symmetry이 있다고 한다. 건국대 송정현 교수는 한 강연에서 대칭성의 의미를 멋지게 중고생들에게 짧게 줄여 설명했다. 대칭성이란 결국 "기껏 했는데…"라고.

[**] 컴퓨터 프로그램을 작성하는 것을 보통 '코딩'한다고 한다. 코딩은 손이 아니라 발로 하는 사람들이

조금만 생각해보면 위-아래 대칭성이 지구 위의 생명체에서 어긋난 이유는 당연히 중력 때문이다. 지구 표면에서 붙박이로 살아가는 우리 모두는 뉴턴의 '보편' 중력으로부터 절대로 자유로울 수 없고, 따라서 중력에 의해, 퍼텐셜 에너지가 높은 머리 쪽과 낮은 발 쪽이 같으려야 같을 수가 없다. 사실 이런 종류의 대칭성 깨짐은 그 이유(사람의 위-아래 대칭성 깨짐의 원인은 중력)를 우리가 쉽게 이해할 수 있어서 별로 신기할 것도 없다.

앞이나 뒤에서 정확히 한가운데 서서 자동차를 바라보면 왼쪽-오른쪽 대칭성이 있지만, 자동차를 옆에서 보면 왼쪽-오른쪽 대칭성이 없다. 자동차는 바퀴를 굴려 뒤에서 앞 방향으로 움직이지 옆으로는 움직이지 않으니 당연하다. 지구 위의 나무에서 사과가 떨어지면 뉴턴의 제3법칙에 의해서 지구가 사과를 당기는 힘은 정확히 사과가 지구를 당기는 힘과 같은 것이다. 그럼 왜 지구가 사과로 떨어지지 않고, 사과가 지구로 떨어질까(사실 지구도 사과를 향해 떨어진다. 그 떨어지는 거리가 너무 작아서 0이라고 할 수 있을 뿐이다). 이 경우 두 물체의 교환 대칭성exchange symmetry이 깨지는 이유는 당연히 지구가 사과보다 엄청 더 큰 질량을 갖기 때문이다.

간혹 있다. 이 분들의 코딩을 '발코딩'이라 부른다. 출판되기 전의 논문은 '손(라틴어로 manus)'으로 직접 썼다는 어원을 담아 영어로 보통 manuscript라 한다. '발'에 해당하는 라틴어는 'pes'인데, 영어 단어인 보행자pedestrian, 페달pedal, 발톱관리pedicure에도 들어 있다. 고등과학원의 이상훈 박사가 발로 쓴 논문을 pediscript로 부르자는 재밌는 제안을 했다. 다음에 대학원생이 처음 들고 온 논문 초고가 마음에 들지 않으면 "아니 왜 manuscript가지고 오라고 했더니 pediscript를 가지고 왔니?" 하고 한번 써먹어봐야지.

대칭성이 명확한 외부의 이유 없이 어긋나는 경우도 있다. 전설적인 기타리스트 지미 헨드릭스는 "왼손으로 악수합시다. 그쪽이 내 심장과 가까우니까"라고 말했다. 이처럼 우리 대부분은 심장이 가슴의 한가운데에서 약간 왼쪽으로 치우쳐 있다. 그런데 아주 극소수의 사람들은 심장이 오른쪽으로 치우쳐(우심증dextrocardia)있고 이분들 중 일부는 또 몸의 다른 내부 장기도 마치 거울에 비친 모습처럼 함께 뒤집힌 모습이라고 한다. 이런 사람들도 큰 문제없이 살아갈 수 있다고 하니 심장이 굳이 왼쪽에 있어야 할 이유를 설명하기는 어렵다.

다른 이야기도 있다. 언뜻 보면 대칭성이 어긋나 있는 것처럼 보이지만 사실 대칭성으로 이해할 수 있는 경우다. 간단한 진화생물학적인 설명(위키피디아의 fisher's principle 항목을 참조할 것)으로 사람의 남녀 비율이 1:1인 것이 진화적으로 안정적인 전략evolutionary stable strategy이라는 것을 보일 수 있다. 하지만 실제 태아의 성비는 여자 아이 100명당 남자 아이의 숫자가 105명 정도로, 대칭성이 어긋나 있다. 그 이유는 어려서 남자 아이의 자연적인 사망률이 더 크기 때문이다. 자식을 낳을 수 있는 적령기에 이르면 성비가 1:1에 가까워져 남-녀 대칭성을 제대로 가지게 된다.

통계물리학 분야의 연구자들이 자연계에서 벌어지는 가장 흥미로운 현상으로 여기는 것 중 하나가 바로 '저절로 깨지는 대칭성spontaneous symmetry breaking'이라 불리는 것이다. 중력으로 깨지는 사람의 위-아래 대칭성과는 달리, 명확한 외부 원인이 없음에도 사람 심장의 위치처럼 대칭성이 깨져 있는 것을 생각하면 된다. 좀 딱딱한 말로 적자면, 통계물리학적인 시스템을 기술하는 해밀토니안Hamiltonian이나 라그랑지안Lagrangian에는 어떤 대칭성이 확실히 있는데도, 실제 자연에서 관찰하면 대칭성이 깨져 있는 것을 의미한다.

예를 들어보자. 우리가 자주 볼 수 있는 막대자석이 자성을 가지고 있는 이유는 자석을 이루는 규칙적으로 배열된 원자들의 전자가 가지고 있는 스핀(보통 전자의 자전운동으로 비유함)이 한 방향으로 나란히 정렬하고 있기 때문이다(운동장에서 줄을 맞춰 팔을 앞으로 뻗어 '앞으로 나란히'를 하는 학생들을 떠올려보면 된다). 이런 막대자석의 온도를 높이면 자석이 녹기 전에 자성을 먼저 잃게 할 수 있다(학생들은 여전히 똑같은 위치에 줄을 맞춰 서 있지만 학생들이 뻗는 팔의 방향이 뒤죽박죽 제각각인 상황이다). 자성을 잃은 막대자석의 온도를 다시 낮추면 다시 스핀들이 한 방향으로 나란히 정렬하게 된다. 가까이 있는 두 스핀이 같은 방향을 가리키는 것은 에너지가 더 낮기 때문이고, 온도가 낮으면 모든 물리 시스템은 낮은 에너지를 가지고 싶어 하는 경향이 있기 때문이다.

그런데 문제가 있다. 어느 방향을 따라 스핀들을 배열해야 할까. "옆사람과 같은 방향으로 '앞으로 나란히'를 하세요" 하고 운동장 스피커로 방송하고 학생들을 보고 있다고 상상해보자. 학생들은 옆 사람 눈치를 보면서 팔을 어떨 때는 남쪽으로, 어떨 때는 북쪽으로 바꿔가다가 결국 시간이 지나면 모두 특정한 방향으로 '앞으로 나란히'를 하게 된다. 그런데 최종적으로 선택된 방향이 동서남북 중 어느 쪽일까. 이처럼 학생들이 동서남북 중 특정한 방향을 '앞으로 나란히'의 최종 방향으로 선호할 아무런 이유가 없는데도, 결국 소동이 가라앉은 후 학생들을 보면 어쨌든 학생들은 한 방향을 택해 '앞으로 나란히'를 한다. 바로 이런 것이 '저절로 깨지는 대칭성'이라 불리는 현상이다. "여기 보고 앞으로 나란히 해요"라고 말씀하시는 선생님이 운동장의 북쪽에 있다면 당연히 시스템의 대칭성은 시작부터 이미 깨진 것이고, 모든 학생들은 선생님이 있는 북쪽을 향해 팔을 뻗게 되니 연구자 입장에서 별로 재미가 없다.

운동장 북쪽 선생님 역할을 하는 지구 자기장이 없는 상황에서 자석의 온도를 높였다가 다시 낮추면 자석의 N극과 S극은 원래와 같은 방향일 수도, 아니면 뒤집힌 방향일 수도 있다. 그러면 최종적인 N극의 방향은 어떻게 결정될까. 초기에 학생들이 우왕좌왕 할 때는 북쪽을 향한 학생, 그리고 서쪽을 향한 학생들이 마구잡이로 섞여 있지만, 학생들의 극히 일부가 '우연히' 북쪽을 더 선호하게 되었다면, 효과가 전파되어 학생들 모두가 북쪽을 향하게 될 수도 있을 것이다. 이처럼, 저절로 대칭성이 깨질 때 어떤 방향이 택해질지는 초기의 아주 미세한 우연적인 차이에 의해 결정된다.

마찬가지다. 왜 우리 몸에는 두 종류의 광학이성질체 중 한 종류의 아미노산만이 주로 있을까. 이는 생명체 진화의 초기에 아마도 우연으로 결정되었을 것이다. 일단 한 종류가 택해지면, 그 종류와 상호작용해서 에너지를 대사하고, 자라고, 그리고 번식하려면 우연히 택해진

바로 그 종류를 택해야 하니까. 왜 우리 우주에는 반물질은 남아 있지 않고 물질만이 있을까. 이것도 초기 우주에서 우연으로 결정되었을 것이다. 왜 사람의 심장은 왼쪽에 있을까. 이것도 마찬가지.

◈

어떤 대칭성은 확률적이다. 결혼 적령기 1:1의 남-녀 대칭성을 위해 필요한 태어날 때의 남아-여아 비율 105:100의 의미가, 100명의 여아 당 105명의 남아가 정확히 태어난다는 것은 아니다(만약 그렇다면 50명의 여아에 대해 남아는 52명에 더해 반 명이 더 태어나야 한다. 어림없는 이야기다). 종종 뉴스를 장식하는 재벌의 후계 문제를 생각해보자. 회사의 창업주나, 그의 아들들이나 딸들이나, 한 사람의 타고난 능력은 한국 사회를 구성하는 다른 사람들과 확률적으로 크게 다를 바가 없다. 좋은 신체 조건을 가지고 태어나 긴 시간의 고된 훈련을 견뎌내 세상에서 가장 빨리 달리는 사람이 되어도, 100미터를 달리는 속력은 초등학교 학생보다 기껏 두 배 정도 빠를 뿐이다.

사고실험을 해보자. 한날한시에 태어난 아이들의 집합에서 아이들 하나하나의 타고난 신체적, 정신적 능력을 다른 아이와 마구잡이로 맞바꿔 교환한다고 쳐보자. 누구나 타고난 능력은 모두 다 고만고만하니 이런 상상의 '능력 맞바꿈'에 의해 한 사회의 미래가 바뀌지는 않을 것이다. 즉, 한 사회 전체의 미래는 '타고난 능력 맞바꿈' 대칭성이 있다. 하지만 한국에 사는 한 사람 한 사람의 미래의 '타고난 자리 맞바꿈' 대칭성은 엄청나게 어긋나 있다. 원래부터 왕후장상의 씨가 따로 있을 수 없으니 왕후장상의 자리는 아이에게 물려주지 못하지만, 금수저는 여전히 아이에게 너무나 쉽게 물려줄 수 있기 때문이다.

한국 사회의 다른 대칭성 이야기도 있다. 리영희 교수의 『새는 '좌·우'의 날개로 난다』(한길사, 2006)라는 책이 말해주듯이, 한국 사회가 앞을 향해 제대로 나아가려면 왼쪽-오른쪽 뒤집음 대칭성이 꼭 필요하다(흥미롭게도 오른쪽 날개만 있는 새는 왼쪽으로만 방향을 틀 수 있다. 극우와 극좌는 한가지라고 했던가). 한국 사회에서 도대체 뭐가 좌인지 우인지는 나는 모르겠다. 아무 곳에나 선을 긋고 너는 왼쪽이냐 오른쪽이냐를 묻고, 사람들에게 '오른쪽'이라는 대답을 암묵적으로 강요해서 깨지는 대칭성은, 자발적이지 않은 강제된 대칭성 깨짐이라는 말이다. 그렇게 깨진 대칭성으로 사회는 과거로 회귀한다.

6

내 머릿속에는 파충류가 산다

인간 뇌의 진화, 그 임시방편의 역사

'윙'하는 날갯짓 소리, 피가 날 정도로 긁어도 해소되지 않는 가려움. 무더운 여름철의 모기는 지긋지긋할 만큼 성가신 놈이다. 하지만 내가 보기에 모기는 본받고 싶은 정말 대단한 존재다. 모기는 그 작은 몸으로 날고 앉고 보고 냄새 맡아 주변 환경을 인식한 뒤, 그에 맞춰 다음 행동을 적절히 결정한다. 이런 놀라운 일을 능수능란하게 실행하는, 모기와 비슷한 크기의 공학적 구조물을 만드는 것은 현재 인류의 과학기술 수준으로는 불가능하다.

그뿐인가. 모기는 외부 에너지와 정보를 모으고 다른 모기의 도움도 받아 자식 모기까지 만들어낸다. 모기만이 아니다. 눈을 돌려 주변을 보라. 어디를 봐도 경이롭지 않은 생명현상은 없다. 모기가 이처럼 위대하니 만물의 영장이라는 인간, 그 인간의 몸에서도 정보처리를 담당하는 기관인 뇌의 경이로움은 말로 다 설명하기 힘들 정도다.

한 사람 한 사람의 뇌 안에는 태양계가 속한 우리 은하를 이루는 별의 수와 같은 약 1000억 개의 신경세포가 있다. 이 수많은 신경세포가 전기신호 형태로 서로 정보를 주고받으면서, 어떤 때는 어둠 속에서 반짝반짝 빛을 내는 반딧불이처럼, 어떤 때는 장엄한 불꽃을 이루는 폭죽처럼 각종 패턴을 쉼 없이 만들어내고 있다. 글을 쓰고 있는 나의 머릿속, 그리고 이 글을 읽는 당신 머릿속에서도 말이다.

인간의 뇌는 우주에서 가장 효율적이고 우수한 정보처리 기관이라 개선의 여지가 없다는 이야기를 들어본 적 있을 것이다. 정말 그럴까. 김빠지게도 '결코 아니다'가 정답이다. 인간의 뇌는 길고 긴 진화 과정을 통해 만들어진 것이지, 이리 재보고 저리 재보며 가능한 모든 구조를 비교한 다음 최적화된 형태로 설계된 것이 결코 아니다.

인간 뇌는 깊숙한 안쪽부터 바깥쪽까지 마치 아이스크림콘을 한 주걱 한 주걱 쌓아 올리듯 진화한 결과물이다(데이비드 J. 린든 지음, 『우연한 마음』, 김한영 옮김, 시스테마). 이와 관련해 내가 흥미롭게 읽은 내용 중 하나는 눈먼 사람이 무엇인가를 보는 것을 뜻하는 맹시blindsight 현상이다. 눈으로 들어오는 정보는 눈 반대쪽인 뒤통수에 있는 뇌의 시각피질 영역에서 주로 처리된다. 뇌의 이 부분이 손상되면 눈은 멀쩡해도 사물을 제대로 보지 못한다.

그런데 이런 환자 중 어렴풋이 사물을 인식하는 이가 있다. 이것이 바로 맹시인데, 이 현상이 가능한 이유는 우리 뇌 안쪽 깊숙이 자리한 중뇌에 원시적인 시각중추가 있기 때문이다. 사실 인간의 뇌는 파충류의 뇌를 보전한 상태에서 그 위에 포유류의 고위 시각중추가 생긴 형태인 것이다. 대뇌피질의 고위 시각중추가 고장 나도 뇌 깊숙이 자리한, 우리 선조가 원시 파충류였을 때 만들어진 시각중추를 이용해 어렴풋하게 볼 수 있다는 말이다.

파충류의 뇌 설계도를 다 뒤집어엎고 처음부터 다시 사람 뇌를 설계했다면, 뭐하러 시각중추를 두 개 만들었겠는가. 마찬가지로 대뇌의 시각피질이 뒤통수 쪽에 위치해 눈에서 시각중추로 이어지는 정보 전달 구조가 복잡한 것도 최적의 형태로 보기 어렵다. 앞서 소개한 책의 저자에 따르면 진화를 통해 완성된 현재 우리 뇌는, 비유하자면 "1925년형 포드 자동차 모델을 주고 원 설계에서 어떤 부품도 제거하지 말고 21세기형 새 차를 만들라"라고 했을 때 만들어질 기묘한 차와 같다. 즉, "뇌는 최적화된 기계가 아니라 긴 진화의 역사에서 임시변통 해결책이 되는 대로 쌓여 이뤄진 기묘한 덩어리"라는 것이다.

이처럼 구조적인 면에서 효율적이지 못한 인간의 뇌는 작동 방식도 최적화돼 있지 않다. 한 개의 신경세포가 갑자기 세포 밖보다 전압이 높아지는 상태가 되는 현상을 '발화'한다고 한다. 신경세포 사이의 정보 전달은 이처럼 발화한 전기신호 펄스의 형태를 띤다. 하나의 신경세포에 연결된 다른 신경세포 중 충분히 많은 수가 발화하면 그 정보를 입력으로 받아들인 신경세포도 발화한다.

문제는 이 과정을 도대체 신뢰할 수 없다는 점이다. 같은 정보가 전달돼도 신경세포가 어떤 때는 발화하기도 하고, 또 어떤 때는 아무 일

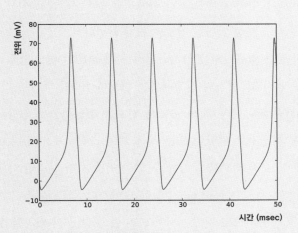

그림1 노벨 생리의학상을 수상한 호지킨–헉슬리Hodgkin–Huxley의 신경세포 수리모형의 계산 결과. 짧은 시간 동안 갑자기 전압이 커지는 것을 신경세포의 '발화'라 부른다. 이 간단한 프로그램을 만든 나의 머릿속에서나 그리고 지금 이 그래프를 보고 있는 독자의 머릿속에서나, 수많은 신경세포들이 바로 이런 모양으로 발화하고 있다. 사람뿐 아니다. 악어도, 개구리도, 그리고 어제 저녁 먹은 오징어도.

없이 얌전히 있기도 한다. 컴퓨터 프로그램을 실행했더니 어떤 때는 계산을 하고 어떤 때는 안 하기도 하고, 또 계산할 때마다 답이 다른 그런 경우를 본 적 있는가. 그런데 인간 신경세포 하나하나는 컴퓨터 작동에 비해 무척 변덕스러워 확실하게 작동하는 일이 없다. '만물의 영장'이라 불리는 인간 뇌 속 신경세포의 기본구조와 작동방식은 이미 6억 년 전 만들어져 꼬물꼬물 기어가는 벌레의 신경세포와 큰 차이가 없다. 작동시간 또한 답답할 정도로 느려 터졌다.

인간이 만든 컴퓨터의 중앙처리장치는 매초 10억 번 이상의 연산을 수행하는 데 비해, 인간의 신경세포는 그보다 100만 배가 느려 1초에 기껏 1000번 발화한다. 빛의 속도로 정보를 전달하는 통신장비에 비해 머릿속 신경정보 전달 속도는 시속 200km에도 못 미친다. 테니스 경기 심판이 시각 정보를 처리할 수 있는 최소 시간 간격인 약 10분의 1초 동안 테니스공은 무려 6m 정도를 날아간다. 즉, 테니스 경기 심판은 공이 경기장 밖으로 나갔는지 아닌지 매 순간 공의 위치를 보고 판단하는 것이 아니라 '짐작'하는 것이다. 당연히 잘못 짐작하는 경우가 많을 수밖에 없다.

◈

시각정보 처리의 시간적 제약을 보여주는 다른 예를 살펴보자. 〈그림 2〉는 내가 중국 여행 중 열차 안에서 찍은 것이다. 열차 속도를 보여주는 표시판을 육안으로 봤을 때는 아래 사진처럼 명확히 보였는데 갖고

그림2 내가 찍은 열차 안 속도 표시판 사진. 눈으로 보기에 아래 사진처럼 보였던 표시판을 셔터 속도 1/200초으로 찍은 위 사진은 글자들이 깨져 보인다. 아래 사진은 1/100초로 찍은 것이다. 내 눈이 정보를 처리하는 시간은 적어도 1/200초 보다는 길다는 것을 알 수 있다.

그림3 테오드르 제리코의 〈엡섬 더비〉(1821). 이 그림이 유명한 이유 중 하나는 말들이 이런 모습으로 달리지 않기 때문이다. 고속 촬영 기술이 발달한 이후에야 말이 질주하는 순간의 실제 다리 모양을 볼 수 있게 됐다.

있던 카메라를 이용해 200분의 1초 셔터 속도로 사진을 찍으니 위 사진처럼 보였다. 셔터 속도를 늘려 100분의 1초로 찍으니 육안으로 본 것처럼 글자가 명확히 나타났다. 즉, 나의 눈이 시각정보를 처리하는 빠르기는 200분의 1초보다 많이 느리다는 뜻이다.

테오드르 제리코Theodore Gericault의 그림 〈엡섬 더비Epsom Derby〉(〈그림 3〉)는 고속 촬영 사진술이 발전하기 전 '말이 이렇게 달리겠거니' 하고 화가가 상상해서 그린 것이다. 화가에게 미안한 이야기지만 이 그림이 유명한 이유는 실제 말이 그림처럼 달리지 않기 때문이다. 질주하는 말의 실제 다리 모양을 정확히 보기에는 사람의 시각정보 처리 시간은 너무 느리고, 따라서 우리는 고속 촬영 사진술이 발전한 다음에야 달리는 말의 실제 다리 모양을 볼 수 있게 됐다.

우리 모두의 머릿속에는 파충류가 산다. 이런 깨침은 나 같은 과학자로 하여금 생명현상의 심오함을 오히려 더 경이로운 마음으로 성찰하게 한다. 우리 몸을 이루는 무거운 원소들이 먼 과거의 초신성 폭발로부터 만들어졌으니 우리 모두는 별의 아이들이라는 깨달음처럼 말이다.

여름 밤하늘을 수놓는 은하수의 별빛이 얼마나 먼 거리를 달려왔는지 아는 것은 그 엄청난 거리를 상상하는 것만으로도 등골이 오싹해지는 경이로움을 여전히 나에게 제공한다. 그렇게 먼 거리를 달려온 빛이 어떤 과정을 통해 내 눈의 수정체를 통과하고 망막에 도달해 시각세포를 자극하며, 또 그렇게 만들어진 전기자극이 전달돼 내 머릿속 수많은 신경세포가 멋지게 발화해 불꽃놀이의 향연을 만드는지 아는 것은 정말 멋지고 경이로운 일이다.

우리는 별의 먼지다. '우리는 별의 먼지'라는 것을 자각하는 별의 먼지다. 우리는 또 한 사람 한 사람의 머릿속에 파충류가 산다는 것, 그리고 어제 저녁 먹은 오징어의 신경세포가 내 머릿속 신경세포와 별로 다를 것이 없다는 사실을 알아낸 뇌를 갖고 있다. 이런 깨달음에 경이로움을 느낄 수 있는 뇌를 가지고 있는 것은 또 얼마나 경이로운 일인가.

7

'만물의 영장' 인간의 비밀, 뇌

인간의 팔다리는 길고 머리는 둥글다. 앞에서 보나 옆에서 보나, 인간 몸을 크게 나눠보면 오직 머리만 둥근 모양이다. 머리는 왜 둥글까. 가만히 들여다보면 신기한 것이 또 있다. 손, 발, 팔, 다리, 가슴, 배, 머리 중 오직 머리만 피부 바로 아래 딱딱한 뼈로 거의 완전히 둘러싸여 있다. 가재나 게 같은 갑각류가 딱딱한 겉껍데기로 몸 전체를 보호하듯 말이다. 인간이 갑각류의 후예도 아닌데 왜 그런 것일까.

인간 몸 안에 있는 것 중 무엇이 인간을 인간 아닌 생명체와 가장 분명히 구분하냐고 질문하면 백이면 백, 뇌라고 답할 것이다. 현대 의학이 산 사람과 죽은 사람을 가르는 가장 중요한 잣대로 사용하는 것도 뇌가 살아 있는지 죽었는지다(사실 뇌의 어느 부분이 죽었을 때 죽은 것으로 판정할지 정하는 것은 여전히 어려운 문제다).

현대 의학은 스스로 뛰지 못하는 죽은 염통도 적절한 외부 자극을 통해 계속 뛰게 만든다. 그래서 더는, 염통 박동이 멈췄는지를 기준으로 삶과 죽음을 가르지 않는다. 의학 발달로 말미암아 인체 장기를 다른 동물의 것으로 이식하는 시도도 꾸준히 이뤄지고 있다.

어떤 인간에게 원숭이의 염통을 이식해도 그 인간은 여전히 그 인간이다. 하지만 원숭이의 뇌를 인간 몸에 이식하면 더는 인간으로 볼 수 없다는 데 누구나 동의할 것이다(어느 누구도 상상하지 않을 이 경우를 좀 더 상식적으로 설명하는 방법은, '인간 몸을 원숭이에게 이식했다'고 하는 쪽일 것이다). 인간과 인간 아닌 생물을 구별 짓는 것, 또 나를 내가 아닌 다른 사람과 구별 짓는 것, 즉 나를 나로 만드는 가장 중요한 기관은 당연히 뇌다.

인간 뇌는 몸이 소비하는 전체 에너지의 20% 이상을 사용한다. 질량은 1.5kg 정도로 성인 몸무게의 3%밖에 안 되는 기관이 말이다. 이처럼 뇌는 에너지 효용성 면에서 볼 때 엄청난 사치품이다. 뒤집어 생각하면 이러한 뇌의 비효율성은 역설적으로 뇌가 수행하는 기능이 매우 중요하다는 것을 의미한다. 뇌가 주로 수행하는 구실이 정보처리임을 생각하면, 시시각각 변하는 몸 밖 환경 변화에 맞춰 우리 몸의 대응 방안을 결정하고, 과거의 경험을 기억 형태로 조직해 미래의 의사 결정에 활용하는 기능 등은 인간이 살아가는 데 매우 중요하다.

멍게는 어려서는 물속을 움직여 다니다, 바위에 붙어 나머지 생을 살아간다. 물속에서 움직이던 어린 멍게가 바위에 붙어 처음 하는 일은 자신의 '뇌'와 '눈'을 먹어치워 양분으로 써버리는 것이다. 외부 자극에 따라 스스로 적절한 움직임을 만드는 생명체에게는 뇌가 필요하지만 그렇지 않은 생명체에게 뇌는 그저 사치품일 뿐이다. '남산 위의 저 소나무'에게도 마찬가지다. 소나무는 날씨 변화에 따라 다른 산으로 옮겨갈 일이 없고, 따라서 뇌도 없다.

하지만 인간은 정보처리의 컨트롤타워 구실을 하는 뇌가 없으면 단 한순간도 살 수 없다. 우리가 깨닫지 못하는 중에도 끊임없이 이어지는 호흡, 체온 조절, 염통 박동, 혈액순환 같은 무의식적인 생명 활동뿐 아니라 이성적인, 그리고 감정적인 모든 활동도 뇌가 없으면 이뤄지지 않는다. '뇌가 없는 마음이 가능하다'라는 말은 나에게, '많은 부품으로 이뤄진 자동차'라는 물질적 실체 없이 자동차 '속도'가 외따로 존재할 수 있다는 말처럼 허무맹랑하게 들린다.

하지만 자동차 '속도'를 자동차의 구성 부품 하나하나로 환원해 설명할 수 없듯이, 인간 마음도 뇌를 구성하는 미시적인 구성 요소로 환원할 수 없는 것은 분명하다. '뇌 없는 마음'은 없지만, 현미경으로 본 작은 뇌 조각에 마음이 있을 리도 없다는 말이다.

◆

인간을 다른 동물과 확연히 구별 짓게 하는 이 중요한 뇌는 당연히 인간의 몸에서 가장 소중히 보호해야 할 기관이다. 그리고 뇌를 보호하는 첫째 방법은 일단 딱딱한 무엇인가로 감싸는 것이다. 바로 우리 머리뼈가 하는 구실이다. 워낙 중요한 기관이다 보니 진화 과정에서 인간 뇌의 부피는 꾸준히 늘어났다. 큰 부피를 가진 뇌를 외부로부터 보호하려면 뇌가 외부와 접촉하는 부분인 머리뼈 면적을 줄이는 것이 유리하다. 이런 모양이 바로 둥그런 공 모양이다(작은 물방울이 둥근 이유도 마찬가지다. 표면적이 적을수록 에너지가 낮기 때문에 물방울은 다 동글동글하다).

동그란 모양의 이점은 또 있다. 자동차가 다니는 터널은 산의 하중을 효율적으로 분산하기 위해 둥글게 설계되었다. 중세 유럽 건물의 높은 천장 모양이 아치형인 것도 마찬가지 이유이고, 같은 이유로 달걀 역시 네모반듯하지 않고 둥글둥글하다. 머리뼈가 공처럼 둥근 모양이 되면 외부의 어느 방향에서 충격을 받아도 손상을 최소화할 수 있다. 정리하면, 머리가 둥근 이유는 큰 부피의 뇌를 머리뼈 안에 가장 효율적으로 담기 위해서이며 동시에 외부 충격으로부터 가장 안전하게 방어하기 위함이다.

인간을 다른 형제 영장류와 구별 짓게 하는 뇌의 특징은 뭘까. 여러 연구를 통해 인간의 뇌는 다른 영장류에 비해 '피질', 즉 뇌의 바깥 부분이 발달해 있다는 것이 알려졌다. 뇌는 부피가 클수록 좋으며, 그중에서도 특히 바깥 부분 면적이 넓을수록 유리하다. 참고로 인간 뇌의 피질 부분을 판판하게 펴면 면적이 $0.25m^2$가 된다. 가로세로가 모두 50cm인 정사각형 면적과 같다.

인간 대뇌 피질의 면적 중 바깥에 보이는 부분은 3분의 1에 불과하다. 나머지 3분의 2는 안으로 접혀 있다. 뇌의 바깥 면이 프랙탈 모양

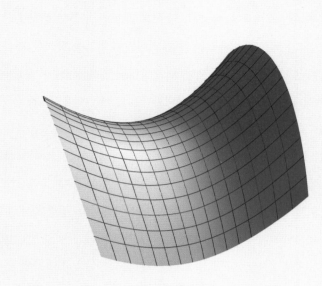

그림1 말안장의 곡면

그림2 채소의 곡면

이라는 연구 결과가 있다. 뇌의 바깥 부분이 마치 말안장처럼 음의 곡률negative curvature을 가진다는 연구결과도 있다(〈그림1〉, 〈그림2〉 참조). 머리뼈가 둘러싼 공간 안에 가능한 한 넓은 피질을 꼬깃꼬깃 넣다 보니 이런 일이 생긴 것이다.

여기까지 읽으면 인간 뇌와 이를 둘러싼 머리뼈 구조가 상당히 효율적으로 보일 것이다. 우리 뇌 구조가 상당히 효율적인 것은 맞다. 하지만 완벽한 것은 결코 아니다. 예를 들어 인간이 소모하는 에너지의 20%를 사용하는 뇌에서 그 20%의 70%, 즉 인간 전체 에너지 소비량의 15% 정도를 사용하는 작업은 신경세포 내부와 외부의 전위차를 마이너스로 유지하는 것이다. 신경세포의 활동이 없는 상태를 유지하기 위해, 즉 아무것도 안 하기 위해 뇌는 전체 에너지의 70%에 달하는 엄청난 에너지를 소비한다는 말이다.

인간이 뇌 크기를 키우는 방향으로 진화하다 보니 문제도 생겼다. 자식을 낳을 때 어미가 거의 목숨을 걸어야 한다는 점이다. 머리가 클수록 출산에 수반하는 위험도 커질 수밖에 없다. 이 문제를 해결하는 방법은 당연히 머리가 많이 자라지 않은 태아를 되도록 일찍 낳는 것이다. 영장류 중 인간 아이처럼 연약한 새끼를 낳는 동물이 없는 점을 떠올려보라. 혼자서는 아무것도 할 수 없는 연약한 아이를 출산하는 위험에 비해 커다란 뇌가 주는 생존과 번식의 이점이 훨씬 크기 때문에 인간은 아이를 일찍 낳는 쪽을 택한 것이다.

이쯤에서 이미 눈치챘겠지만, 인간이 머리뼈가 서로 붙지 않은 이른바 '머리가 말랑말랑한' 아이를 낳는 것도 이 때문이다. 다른 동물에 비해 뇌가 큰 인간의 출생 시기는 너무 일찍 태어나 엄마 몸 밖에서 생존하는 것이 불가능할 정도는 아니어야 하고, 그렇다고 너무 오래 엄마 몸 안에 머물러 출생 시 엄마 생명을 심각하게 위협할 정도도 아닌, 그 아슬아슬한 경계에서 결정된다. 그리고 신생아의 뇌는 출생 후 급속히 자라난다. 갓 태어난 아기의 뇌 부피는 성인의 4분의 1에 불과하지만, 돌이 지나면 절반이 되고, 두 돌이 지나면 어른 뇌 크기의 80%에 육박한다.

◈

만물의 영장이라 부르는 인간이 지구 전체 생태계를 좌지우지할 정도의 (어찌 보면 너무 과도한) 힘을 가지며 성공적으로 생존하게 만든 가장 큰 생물학적 이유는 바로 뇌 크기다. 영장류의 뇌에서 피질 부분 부피를 비교해보면 각 영장류종이 만드는 집단 크기에 비례한다는 흥미로운 연구 결과가 있다. 인간 뇌의 피질 부피에 해당하는 집단 크기는 다른 영장류보다 월등히 커서 150명 정도다. 인간 사회의 조직이 이정도 수로 이뤄질 경우 효율성이 높다는 것을 보여주는 사례가 많다. 인간이 큰 뇌를 가진 이유는 우리가 영장류 중 가장 사회적인 동물이기 때문이라는 것이다. 그리고 인간 집단은 개개인이 할 수 있는 일의 단순한 총합보다 훨씬 더 많은 일을 할 수 있다. 한 사람이 열 번에 걸쳐 들 수 있는 돌멩이와 열 사람이 한 번에 들 수 있는 바위 크기가 엄청 다른 점만 봐도 알 수 있다.

뇌는 한 사람 한 사람의 정보 저장 장치다. 과거 궁금한 것이 있으면 자신의 기억을 돌이켜보던 사람은 다른 사람의 뇌 정보를 이용하려고 커뮤니케이션 장치인 언어를 만들었다. 이를 이용해 마을 연장자의 뇌 속에 기억된 정보에도 접근하게 됐다. 문자 발명은 정보 접근에서의 동시성(말하는 사람과 듣는 사람의 동시성)이라는 제약을 무너뜨려, 이미 죽은 사람의 뇌에 있던 정보까지 이용할 수 있게 했다. 책은 우리 머리뼈 밖의 박제된 뇌인 셈이다.

그뿐인가. 길게 잡아도 20여 년 전쯤부터 우리는 컴퓨터로 연결된 인터넷이라는 전자 '뇌'도 갖게 됐다. 인터넷은 전 지구적인 규모로 엄청난 사람들의 협업을 통해 만들어지고 있으며 지금 이 순간에도 끊임없이 수정되고 확장된다. 이제 우리는 궁금한 것이 있으면 스스로의 기억을 돌이켜보거나 다른 사람에게 묻거나 책을 펼치지 않아도 인터넷에 연결된 손바닥만 한 크기의 작은 장치를 통해 그 답을 곧바로 들을 수 있는 시대에 살고 있다.

뇌를 구성하는 엄청난 수의 신경세포가 서로 영향을 주고받으며 생성하는 놀라운 개개인의 마음을 생각하자. 이제 우리는 개개인의 뇌가 (마치 뇌 하나 안의 신경세포들처럼) 시시각각 영향을 주고받으며 함께 연결돼 작동하는 세상에 살고 있다. 한 사람 한 사람의 마음이 모여 지구적 규모의 마음도 만들어낼 수 있지 않을까. 그런데 그 마음도 자의식을 가질 수 있을까. 다른 사람의 아픈 마음을 전혀 이해하지 못하는 나쁜 마음이 다른 마음의 이야기에 귀 기울이지 않고 심지어 동료 마음의 죽임도 서슴지 않는 지금, 지구는 어떤 마음일까.

8

하나, 둘, 무한대?

물리학자가 '셋'을 못 세는 이유

학부생부터 교수들까지 물리학을 공부하는 사람들을 한 강의실에 가득 모아놓고 '하나', '둘', '셋' 목소리를 맞춰 숫자를 세어보라 한다 하자. 이제 막 물리학 공부를 시작해서 일반물리학의 역학 부분을 배운 학생들, 세부 전공에 상관없이 대학원생 누구나, 그리고 교수들 대부분이 모두 목소리를 맞춰 커다랗게 '하나'라고 외치는 소리가 들린다. 그리고 다음 숫자인 '둘'도 많은 사람들이 한목소리로 숫자를 세는 소리가 들린다. 그런데 그다음 숫자인 '셋'은 아주 작게 모기소리만 하게 들릴 뿐이다.

가만히 둘러보니 '셋'을 외친 사람은 크게 두 부류로 나뉜다. 이제 막 물리학 공부를 시작해서 물리학자는 무엇이든 셀 수 있다고 여전히 믿고 있는 눈빛이 반짝반짝하는 순진한 1학년 학부생 몇 명(이들의 눈빛도 딱 1년 후면 빛을 잃는다), 그리고 마음속으로 "일반적인 물체가 아니라 만약 사과라면 '셋'까지는 내가 세어보았지. 그래도 복숭아는 안 되던걸" 하는 몇 교수들뿐이다. 그다음 숫자인 '넷'이 되면 이제 어느 누구도 목소리를 내지 않는다. 왜인지는 여전히 몰라도 분위기를 눈치챈 학부생도 이제는 조용하다. 완벽한 정적. 창피한지 얼굴만 붉히며 머리만 긁적거리는 사람들 사이에서, 갑자기 우렁찬 목소리가 한쪽 구석에서 터져 나온다. "무한대!" 사람들이 웅성거리기 시작한다. "이거 사기 아냐? 셋도 못 세는데 어떻게 무한대를 세?" 물리학자는 기껏해야 '하나', '둘', 그리고 중간에 놓인 무한개의 숫자를 건너뛰어 '무한대', 딱 이렇게 세 개의 숫자만 셀 수 있다.

◈

이쯤에서 눈치챘기를 바란다. 내가 이야기하는 것은 다름 아니라 물리학자가 가지고 있는 이론의 틀로 이해할 수 있는 물리계의 크기를 말한다. 지구 표면 근처에서 균일한 중력을 받으며 아래로 떨어지는 물체처럼, 물체가 한 개만 있는 물리계는 대체로 쉽게 풀린다. 태양과 지구처럼 두 개의 물체가 있는 경우도 질량중심의 운동을 기술하는 부분과 두 물체의 상대적인 운동을 기술하는 부분으로 나누듯, 많은 경우 물체의 운동방정식을 두 부분으로 나눠 쓸 수 있고 결국 원래의 두 물체 문제는 서로 독립된 한 물체 문제 두 개를 따로따로 푸는 것이 되어 또 쉽게 풀 수 있다. 그러나 태양, 지구, 달처럼 물체의 숫자가 세 개 이상이 되면 그 유명한 '세 물체 문제'가 되어 일반적인 해는 존재하지 않게 된다. 만약 누군가 '세 물체 문제'의 일반해를 오늘 찾는다면 노벨 물리학상은 그분 것이다(오해 없기를. 문제가 얼마나 어려운지를 강조한 것이지 이 문제를 풀라고 젊은 학생들을 부추기는 것이 결코 아니다. 그래도 노벨상을 받고 싶다면 부디 그동안 수많은 물리학자들이 이 문제를 해결하기 위해 노력해온 고난의 역사를 찬찬히 이해하는 것부터 시작하시길).

'무한대'를 센다는 의미는 '하나', '둘'을 센다는 것과는 확연히 다르다. 무한개의 물체로 이루어진 물리계를 이루고 있는 물체 하나하나의 정확한 미래를 예측하는 것은 물론 당연히 불가능하다. 숫자 '셋'도 모르는데 아보가드로수(탄소 원자 12g을 이루는 원자의 숫자로 정의한다. 약 6×10^{23}개) 정도로 엄청난 수의 입자로 이루어진 물리계를 이루고 있는 입자 하나하나의 위치와 속도를 어찌 정확히 계산할 수 있겠는가. 당신이 지금 앉아 있는 방 안에는 아보가드로수보다 더 많은 엄청난 숫자의 기체 분자가 끊임없이 움직이고 있다. 이렇게 무진장 많은 무엇인가로 이루어진 시스템에서 우리가 알고 싶은 것이 무엇일까. 설마하니 "일억 삼천이백만 팔천칠십오 번째 분자가 앞으로 정확히 한 시간 삼십오 분 이십칠 초 뒤에 정확히 어느 위치에서 정확히 얼마의 속도로 움직이고 있을까"가 궁금할까. 이 답을 안다고 한들 무슨 의미가 있을까. 정확한 값을 안다고 해서 우리가 정말 이 시스템을 '이해'했다고 이야기 할 수 있을까.

이처럼 엄청난 숫자의 무엇인가로 이루어진 시스템에서 우리가 사실 알고 싶고 궁금한 것은 당연히 개별 구성요소 하나하나의 미시적인 정보가 아니다. 그보다는 전체로서의 시스템이 어떤 성질을 갖는지, 방 안의 온도가 몇 도인지, 압력이 얼마인지, 부피가 얼마인지가 사실 훨씬 더 의미 있는 정보다. 앞에서 '무한대'를 센다는 말의 의미는, 이처럼 무한개의 입자로 이루어진 시스템의 경우 몇몇 거시적인 양들이 정확히 계산된다는 뜻이지, '하나', '둘'을 셀 때처럼 입자 하나하나의 미시적인 물리량을 정확히 계산한다는 뜻이 아니다. 강의실에서 '무한대'를 우렁차게 외쳤던 사람들이 '무한대'를 세는 방법은 '하나', '둘'을 센 방법과는 다르다는 말이다. 그리고 이렇게 무한대를 세는 것을 업으로 삼은 사람들이 바로 '통계물리학자'들이다.

어떻게 숫자가 무한대가 되면 100개, 1000개인 경우에는 못 풀던 문제들이 갑자기 풀리는 것일까. 뭔가 사기를 당한 것 같은 느낌이 드는 것도 무리는 아니다. 몇 년 주기로 찾아오는 선거를 예로 들어보자. 지방선거의 개표 방송을 유심히 본 사람이라면, 개표가 조금 진행된 경우의 개표결과는 당연히 아직 그 결과를 최종 투표결과라고 믿을 수 없다는 것을 알고 있다. 최종 100만 명이 투표한 선거구에서, 달랑 100명의 투표용지를 개표해 한 후보가 60표를 얻었다고 해서 그 후보가 최종 당선자라고 결론을 내리는 것은 누가 봐도 말이 되지 않는다. 개표 방송을 늦은 밤까지 지켜보면 개표한 투표용지의 수가 점점 늘어나 1만 명이 넘고 10만 명이 넘어가면서, 후보들의 득표율이 더 이상 크게 변하지 않는 것을 볼 수 있다. 통계물리학에서 무한대의 입자가 있을 때 예측 결과가 더 정확해지는 것도 바로 이 같은 '큰 수의 법칙' 때문이다. 숫자가 커지면 전체 집단이 드러내는 거시적인 특징이 점점 더 예측 가능하게 된다는 뜻이다. 이것이 바로 통계물리학자들이 '무한대'를 셀 수 있는 이유다. 곧, 통계물리학에서의 예측은 결정론적이 아니라 확률론적이다.

◈

입자물리학은 우리가 살아가는 우주가 도대체 어떻게 구성되어 있는지, 그리고 어떻게 시작되어 어떤 미래를 갖게 될지를 기술하는, 완전하지는 않지만 강력한 이론의 틀을 가지고 있다. 건국대 송정현 교수의 강연에서 재미있게 들은 비유가 있다. 송 교수에 따르면 "입자물리학은 알파벳의 원리를 연구"하는 것이라고 한다. '자연이라는 책'(뉴턴의 말에서 빌려왔다. "The book of nature is written in the language of mathematics"(자연 법칙들은 수학의 언어로 쓰여 있다))에 쓰인 알파벳이 어떤 것들이 있는지, 그 알파벳 중 어떤 것이 모음이고 어떤 것이 자음인지, 그리고 그런 알파벳들이 서로 조합하여 단어를 만드는 규칙이 어떤 것인지를 규명하는 것이 바로 입자물리학이라는 것이다. 송 교수는 한두 편의 시를 보여주면서 "알파벳의 원리를 이해했다고 해서 우리가 시의 아름다움을 이해하는 것은 아니라"라는 말도 덧붙였다. 우주를 구성하는 가장 근본적이며 궁극적인 원리를 물리학자들이 이해했다고 해서, 지금 당장 우리 눈앞에서 벌어지고 있는 거시적이고 복잡한 자연과 사회 현상을 이해할 수 있는 것은 아니라는 말이다. 현대의 최첨단 입자물리학 이론의 이해와, 내 커피 잔에서 흘러내린 커피가 만든 흥미로운 무늬의 이해는 별개의 문제다.

아래로 더 아래로. 20세기 물리학의 대부분의 발전은 복잡한 자연현상을 구성 요소로 나누어 그 구성 요소를 이해하려는 끊임없는 시도의 연속이었다. 나누기 전보다는 그래도 나눈 다음의 구성 요소가 더 단순해 보이긴 했지만 그것도 잠시뿐, 지금까지 단순한 구성 요소로 보였던 것들이 또 다시 내부 구조를 가져 더 근본적인 구성 요소들로 이루어져 있다는 사실이 다시 또 발견되고는 했다. 점점 더 아래를 향했던 물리학자들이 머지않은 시간에 바닥에 도달할 것으로 믿는 것이 꼭 나만의 낙관적인 바람은 아닐 것이다. 이제 멀지 않은 미래에 우리 인류는 드디어 자연이라는 책이 어떤 알파벳으로 쓰였는지 그리고 그 기본적인 문법이 무엇인지에 대한 궁극적인 이해에 도달하게 될 것이다.

물론 이러한 '궁극의 이론'을 알게 되어도 물리학자들의 할 일은 여전히 많이 남아 있을 것이다. 알파벳들을 제대로 알게 되면 이제 '자연의 시'를 이해하고 더 나아가 '인류의 시'를 쓸 일이다. 아래로 내려가 드디어 우리가 단단한 땅위에 섰다면, 이제는 눈을 들어 저 하늘로 오를 일이다. 통계물리학은 바로 그 사다리다. 물론 사다리의 길이가 무한대라 문제이기는 하다.

9

이상한 나라의 술자리 문화

영일만 게임의 탄생 비화

나는 술을 잘 못 마신다. 대학 시절 주량은 소주 두 잔을 넘은 적이 없고 나보다 술이 약한 과 동기는 딱 한 사람(지금은 미국에 사는 김 모 교수. 정말 훌륭한 물리학자다. 이 친구가 노벨상이라도 받으면 영어는 몰라도 건배가 우선 걱정이다)뿐이었다. 나의 주량이 일취월장한 것은 세부 전공으로 '통계물리학'을 택한 이후다. 대학원생 시절부터 시작된 통계물리학 전공 동료, 선후배, 그리고 교수들과의 만남을 통해, 내가 이 바닥에서 살아남으려면 다른 것은 차치하더라도 술이 늘어야 한다는 것은 너무나 자명해 보였다. 이후 주변의 많은 가르침으로 그나마 지금 정도까지 올 수 있었다. 하긴 누군가는 '평생 주량 보존의 법칙'이라는 것이 있어, 젊어서 못 마신 술은 나이 들어 벌충할 수밖에 없다는 주장

세상물정의 물리학

을 펼치기도 했다. 술자리에서.

한국의 물리학자라면 누구나 회원으로 가입되어 있는 한국물리학회 안에는 물리학 세부 전공에 따라 다양한 분과가 있다. 나는 그중 '통계물리분과'에 속한다. 같은 세부 전공을 갖고 있는 분들이 당연히 함께 할 이야기도 많고 또 만날 기회도 많으니 시간이 지나다 보면 서로 친해지는 것은 자명한 일이다. 게다가 통계물리는 '많은 입자들이 상호 작용하는 물리계의 거시적인 집단 현상'이 주된 연구 주제다. 그래서 통계물리 전공자들이 떼거리로 모여 주거니 받거니 상호작용하는 술자리를 좋아하는 것일지도 모른다. 그러다 보면 개개 입자의 미시적인 속성으로는 결코 환원될 수 없는 거시적인 짜임이 통계물리계에서 자발적으로 떠오르듯이, 혼자였다면 생각도 못했을 흥미로운 이야깃거리가 술자리에서 생기기도 한다. 지금부터 할 이야기도 바로 그런 것이다.

◆

통계물리분과에서는 대학원생들을 대상으로 매년 겨울학교를 연다. 어느 겨울 포항. 겨울학교에서 내준 팀 프로젝트를 수행하느라 밤늦게까지 눈코 뜰 새 없이 바쁠 대학원생들을 흐뭇하게 머릿속에 떠올리며, 통계물리분과 교수들이 저녁 술자리에 함께 모였다. 다들 안다. 이런 술자리에서 대화가 무르익기 위해서는 대부분의 사람들이 마셔야 할 소주의 '임계critical 잔 수'가 있다는 것을. 약간의 술을 함께 마신 뒤 어느 정도 무장 해제된 각성 상태에서 공통된 화제가 끊이지 않는 분들과 나누는 이야기는 무척 즐겁다. 다만 문제는 임계 소주 잔 수를 여러 사람이 너나없이 함께 넘기는 것이 그리 쉽지 않다는 것이다. 나 혼자 취하면 무슨 재미겠는가. 같이 취해야지. 누구나 이렇게 생각하니 어떤 때는 누구도 임계 잔 수를 넘기지 않아 모두가 데면데면 술자리를 마감하기도 했다. 물론 카이스트의 정하웅 교수가 없을 때 이야기다. 정 교수가 있는데도 임계 잔 수를 넘기지 못하는 술자리는 없다. 그날 밤 포항에서도 정 교수가 제안한 비장의 술자리 게임이 있었다.

주문한 술병을 보자. 술병에는 제품에 대한 정보가 숫자로 코드화된 '바코드'가 있다. 물건을 사면 카운터의 점원이 붉은 색 빛이 나오는 기기를 대는 바로 그 부분. 가늘고 굵은 선들이 일렬로 그려져 있고 그 아래 바코드의 정보가 숫자로도 적혀 있다. 정 교수의 술자리 게임은 바로 이 바코드 숫자를 이용한다.

바코드의 숫자를 차례로 하나씩 읽고 현재 술잔이 있는 위치에서 그 바코드 숫자에 해당하는 자리에 있는 사람이 술을 한 잔 마신다. 예를 들어 처음 숫자로 '8'이 나오면 시작한 위치에서 한쪽 방향(반시계 방향을 택했다. 속칭 '고도리 방향'. 물리학에 자주 등장하는 방향이다) 8번째에 앉아 있는 사람이 술을 한 잔 마시는 식이다. 그리고 바코드의 다음 숫자를 보고 그 수만큼 떨어진 자리에 있는 사람이 또 한 잔을 마시고. 이렇게 진행하다 바코드의 전체 숫자가 소진되면 멈추는 게임이다. 만약 숫자 '0'이 나오면 술잔의 위치가 변하지 않으니 당연히 방금 술을 마신 사람이 한 잔을 더 마시게 된다. '0'이 연달아 여러 번 나오는 술병도 있었던 기억이 난다. 어렴풋이.

이렇게 바코드를 이용한 술자리 게임을 하며 즐겁게 술을 마시다 보니 한 가지 문제가 생겼다. 술을 마시고 싶은 사람은 많은데, 어쩌다 숫자 '9'라도 나오면 사이에 낀 여덟 명 모두가 술 한 잔도 못 마시고 입맛만 다시게 되는 것이다. 분개한 한 분의 제안으로 바코드의 십진법 숫자를 이진수로 변환해서 게임을 이어갔다. 예를 들어 십진수 '2'는 '10'으로, '7'은 '111'로 변환된다. 술 마시고 한 계산이니 물론 한두 번 잘못되었을 수도 있겠지만 그런들 또 누가 알았으랴. 이렇게 이진수로 바꾸면 술병 한 개의 바코드로 마실 수 있는 술잔도 늘어나고 또 건너뛰는 사람이 없으니 거의 누구나 술을 마시지 않을까 하는 생각을 한 것이다. 또 이렇게 한동안 술을 마셨다.

이진수로 바꿔 게임을 진행하다 보니, 또 다른 문제점이 발견되었다. '0'과 '1'만 나오니 처음 고도리 방향으로 시작한 게임이 한 바퀴 돌아 시작위치에 돌아올 때까지 너무 긴 시간이 걸린다는 것이다. 즉, 처음 시작한 위치에서 반反고도리 방향으로 한 칸 옆에 있던 사람은 여전히 오랫동안 입맛만 다시며 술잔이 오기를 기다리게 된다. 여기서 술자리 게임의 마지막 버전이 탄생했다. 숫자 '0'이 나오면 그 자리에 있는 사람이 술을 한 잔 더 마시는 것은 마찬가지지만, 이후에는 진행 방향을 뒤집는 것이다. 고도리 방향은 반고도리 방향으로, 반고도리 방향은 고도리 방향으로. 또 이렇게 한동안 진행.

다시 몇 병이 동난 즈음, 그 자리에 있던 모든 사람들이 또다시 한 가지 문제를 깨닫게 되었다. '0'이 나올 때마다 진행 방향이 바뀌니 어떤 사람의 경우는 그 사람 오른쪽에서 머물던 술잔이 좀 멀어지나 싶으면 다시 방향을 바꿔 돌아오고, 왼쪽으로 지나간 술잔도 좀 멀어져서 안심하고 있으면 다시 또 방향이 바뀌어 돌아온다는 것이다. 이 문제를 어떻게 해결할까 하고 심각하게 이야기를 나누던 중 자꾸 돌아오는 술을 여러 잔 마신 교수가 외쳤다, "영일(零一, 0과 1)만 나오니까 이렇잖아요!" 영일만迎日灣이 있는 포항에서 탄생한 이 술자리 게임의 이름은 이렇게 '영일만 게임'으로 명명되었다.

물리학자들이 기적의 해라 부르는 1905년, 아인슈타인의 유명한 세 논문 중 하나는 소위 '브라운 운동'에 관한 것이었다. 물에 떠 있는 작은 꽃가루 입자를 현미경으로 보면 꽃가루가 끊임없이 불규칙적인 운동을 하는 것을 볼 수 있다. 아인슈타인은 이러한 브라운 입자의 시간 t에서 현재 위치가 시작 위치로부터 얼마나 멀리 떨어져 있는지를 계산하여 그 거리가 $t^{1/2}$에 비례한다는 것을 보였다. 브라운 운동을 더 단순화해 일차원 직선 위에서 생각하면, 이 역시 마찬가지로 유명한 '마구걷기random walk' 문제가 된다. 술이 진탕 취해서 (다시 또 술 이야기!) 자신이 왼쪽으로 갈지 오른쪽으로 갈지 매 순간 순전히 우연으로 마구잡이로 결정하는 사람은 t만큼 시간이 흘러도 처음 위치에서 기껏해야 $t^{1/2}$ 정도의 거리 안에 머물게 된다. 이 사람을 여러 번 걷게 해서 평균을 내면 시간 t에서의 평균 위치는 처음 시작위치와 같아진다. 어떨 때는 왼쪽으로 또 어떨 때는 오른쪽으로 비틀거릴 테니 말이다.

마찬가지로 영일만 게임에서 바코드를 이진법으로 바꿔 1과 0이 마구잡이로 늘어서 있는 것과 비슷하다면, 시간 t가 지난 후의 술잔의 위치는 시작위치에서 기껏해야 $t^{1/2}$ 정도 안에 머물게 된다. 물론 정확한 계산은 해봐야 안다. 영일만 게임에서 시작위치 주변 사람들이 술을 많이 마시게 되는 것은 말 그대로 0과 1만 사용하기 때문이다. 그런데 사실 영일만 게임에서 술잔의 움직임은 보통의 마구걷기 문제와는 다르다. 다음에 0이 다시 나오기까지 한쪽 방향으로만 진행하기 때문이다. 이러한 마구걷기를 꾸준한 마구걷기persistent random walk라 부른다.

◈

포항의 즐거운 술자리에서 시작된 영일만 게임의 물리학에 대한 이야기는 결국 부경대학교의 백승기 교수의 주도로 손승우, 정하웅 교수와 함께 논문 형태로 마무리되었다. 영일만 게임과 정확히 같은 유형의 마구잡이 걷기 모형은 이전 학계에 보고된 적이 없었던 까닭에 논문으로 쓸 수 있었다. 논문에서는 1과 0이 각각 p와 q의 확률로 마구잡이로 있는 경우를 생각했고, 여기서 시간 t가 흐른 뒤 술잔 위치의 평균과 분산을 해석적인 방법으로 계산했다. 억지로 찾아 읽을 필요는 없다. 논문에 술자리 이야기를 적을 수는 없어 대부분에게는 엄청 딱딱하게 읽힐 테니까.

참고로 이후에도 두어 번 더 영일만 게임에 대한 실제 실험을 진행했다. 모든 실험이 그렇듯 당연히 어느 정도의 연구비가 필요했다. 연구비는 각자의 용돈으로 충당했다. 두세 번의 격렬한 실험을 마치고 다음 날 아침 맑은 정신으로 생각해보니, 술잔 위치의 확률 분포를 구하기 위해 굳이 술을 마실 필요는 없었다는 것을 깨달았다. 바코드만 있으면 되니까. 그런데 또 그렇게 술을 함께하지 않는다면 또 무슨 재미가 있겠는가.

영일만에서 멀지 않은 경주 안압지에서 1200년 전의 14면체 주사위가 발견된 바 있다. 주사위 면에 적혀 있는 내용을 보건대 역시 한국 사람들은 여럿이 함께하는 술자리를 예나 지금이나 무척 즐겨왔음에 틀림없다. 즐겁게 술 마시고 논문까지 쓰게 됐으니 통계물리를 함께하는 사람들과의 술자리는 앞으로도 오래오래 계속될 듯하다.

10

살 오른 생선을 고르는 법

두 발이라서 특별한 인간의 체질량지수

어느 집에나 있을 법한 익숙한 저녁 장면. 식구 수에 맞춰 통통한 굴비 네 마리가 상에 올랐다. "요새 우리 큰딸이 마른 것 같은데, 제일 큰 걸 먹지"라는 아빠 말에 샘이 난 작은딸이 "아니요, 그래도 아빠가 가장 이니까 제일 살 많은 걸 드세요" 한다.

물리학의 눈으로 이 풍경을 본다. 우선 '생선살이 많다'라는 것은 무슨 뜻일까. 내 주변에 있는 물리학자는 이처럼 별게 다 궁금한 사람들이다. 지금 밥상 앞에 놓인 생선이 같은 길이의 표준적인 생선에 비해 살이 많은지 적은지를 어떻게 알 수 있을까.

생선이 아니라 사람이라면 몸무게가 표준보다 더 나가는지 아닌지 판단하는 '체질량지수body-mass index·BMI'를 이용하면 된다. 몸무게를 kg

단위로 적고, 키는 m 단위로 적은 다음 몸무게를 키의 제곱으로 나누면 나오는 값이다. 키가 170cm고 몸무게가 70kg이라면 70을 1.7의 제곱인 2.89로 나눈 값인 24가 그 사람의 체질량지수다(나의 몸 수치는 아니다. 내 키는 마누라도 모르는 극비사항이다).

참고로 보통 BMI가 23~30이면 과체중, 30 이상이면 비만이라고 이야기한다. 키가 달라도 사람의 체질량지수는 고만고만하게 비슷한 값을 갖는다(이 글에서 '고만고만하게 비슷한 값을 갖는다'라는 말은 BMI의 확률분포가 종 모양의 정규분포를 따른다는 뜻이다).

그럼 밥상에 오른 굴비도 마찬가지로 체질량지수를 계산해 그 값이 가장 큰 것을 '가장 살찐 굴비'라고 판단하면 될까. '누가 살찐 굴비를 먹을까'에서 시작한 나의 궁금증은 이제 더 깊어진다. 사람의 체질량지수는 왜 하필 몸무게를 키의 제곱으로 나눌까. 키의 세제곱으로 나누는 것이 더 자연스럽지 않을까 하는 쪽으로 뻗어가는 것이다. 왜 그런지 살펴보자.

◈

물리학자가 이런 이야기를 할 때는 보통 다음과 같은 말로 시작한다. 자, 사람의 몸을 한 변의 길이가 h인 정육면체 모양이라 하자. 현실에 존재하지 않는 이 반듯한 사람의 부피는 h^3이다. 세제곱 수가 나오는 이유는 우리가 사는 공간이 3차원이라 모든 물체가 가로, 세로, 높이 등 3개 공간 차원을 갖기 때문이다. 몸의 무게는 부피에 비례하고, 비

세상물정의 물리학

례상수인 밀도는 누구나 거의 같다. 따라서 정육면체 사람의 몸무게를 부피(h^3)로 나누면 사람은 대부분 고만고만한 값을 가질 것이다.

좀 이상하지 않은가. 앞에서 체질량지수를 계산할 때는 몸무게를 키의 세제곱(h^3)이 아니라 제곱(h^2)으로 나눠야 그 값이 고만고만하다고 했는데, 정육면체 사람의 경우는 몸무게를 키의 세제곱으로 나눠야 값이 고만고만하다는 것이다. 왜 다를까. 그 이유는 사람을 가로, 세로, 높이가 모두 h인 정육면체로 볼 수 없기 때문이다. 이처럼 물리학자는 가정을 만들고 그로부터 얻어지는 결론을 살펴본 뒤 그것이 좀 이상하면 다시 처음으로 돌아가 가정을 고민한다.

다음으로 생각할 수 있는 것은, 서 있는 사람이라면 왼쪽, 오른쪽 길이보다 위아래로 더 길다고 가정하고, 높이가 h, 가로와 세로가 모두 a인 사각기둥으로 보는 것이다(40대 중반을 넘은 내 주변에는 정말 앞에서 보나 옆에서 보나 거의 폭이 같은 사람들이 있다. 그러니 사람을 사각기둥으로 보는 것이 말도 안 되는 가정은 아니다). 사람을 정육면체라고 우겼을 때 나온 결과로는 사람의 체질량지수를 이해할 수 없으니, 이번에는 한번 사람을 기둥모양이라고 우겨보는 것이다. 잘록한 허리도 떡 벌어진 어깨도 없지만 말이다.

이 사각기둥 사람의 몸무게는 부피인 ha^2에 비례하므로 보통 계산하듯 키(h)의 제곱으로 몸무게를 나눠 $\left(\dfrac{ha^2}{h^2} \right)$ 체질량지수를 구하면 그 값은 $\dfrac{a^2}{h}$에 비례하게 된다. 보통 계산하는 방법으로 구한 체질량지수가 고만고만하다는 것의 의미는 이제 사람은 대부분 $\dfrac{a^2}{h}$값이 고만고만하게 나온다는 뜻이 된다.

이로부터 '왜 키가 큰 사람은 날씬해 보일까'에 대한 답도 쉽게 얻을 수 있다. 사각기둥 사람의 허리둘레는 a에 비례하니 허리둘레의 제곱을 키로 나누면 사람 대부분에게는 $\frac{a^2}{b}$과 마찬가지로 키가 크든 작든 이 값이 비슷하게 나온다.

여기서 쉬운 문제 하나. 체질량지수가 비슷한 두 사람이 있고 한 사람이 다른 사람보다 키가 2배 크다고 하자. 키가 큰 사람의 허리둘레는 키가 절반인 사람의 몇 배가 될까. 만약 2배라고 답했다면 앞의 글을 다시 찬찬히 읽어볼 것. 답은 2배보다 작은 약 1.4($\sqrt{2}$)배다(이래야 두 사람의 $\frac{a^2}{b}$ 값이 같다). 따라서 키가 큰 사람은 날씬해 보이고(키가 2배 큰데 허리둘레는 1.4배만 크니까), 키가 작으면 통통해 보인다. 날씬한 패션모델을 뽑으려면 일단 키 큰 사람을 고르는 것이 더 낫다. 이로부터 얻을 수 있는 또 다른 흥미로운 결론이 있다. 아무런 배경이나 비교 대상 없이 사람만 찍은 사진을 봐도 우리는 그 사람의 키가 어느 정도인지 짐작할 수 있다.*

그렇다면 물고기는 어떨까. 〈그림1〉을 보자. 이 사진은 내 지인인 임여명 박사가 바다낚시를 가서 찍은 사진을 SNS에 올린 것이다. 사진에 '놀래미(노래미)… 하나 잡았네 크기는 비밀'이라는 글도 달았다. 아무런 비교 대상 없이 이 사진만 보고 우리는 물고기가 대체 10cm인지, 20cm인지 알기 힘들다. 10cm짜리 물고기를 2배로 늘려 20cm짜리

---

* 극단적으로 막 걸음마를 시작한 아기가 서 있는 사진을 떠올려볼 것. 그 사진에서 아기 키가 성인보다 훨씬 작다는 것은 재보지 않아도 누구나 알 수 있다. 믿기지 않으면 아기에게 만세를 불러보라고 할 것. 아기의 귀여운 사진을 보면 만세 부른 팔의 손끝이 머리 정도까지만 올라간다. 성인 가운데 그런 사람은 없다.

세상물정의 물리학

그림1 물고기는 비교대상이 없으면 사진만 보고는 실제 크기를 알기 힘들다. (사진에는 종이찍개못이 같이 찍혀 있어 비교하면 대충 크기를 알 수 있긴 하다.) 이는 물고기의 체질량지수는 물고기 무게를 길이의 세제곱으로 나누어서 구해야 함을 의미한다.

물고기 사진과 나란히 두면, 두 물고기가 거의 같아 보인다. 즉, 물고기 길이가 2배가 되면 물고기 허리둘레도 2배로 늘어난다. 이것이 의미하는 바는 '물고기의 체질량지수는 물고기 무게를 길이의 세제곱으로 나누면 구할 수 있다'이다. 즉, 사람과 물고기는 다르다.

〈그림2〉는 생물학 분야 공동연구자인 전태수 교수와 송미영 박사가 보내준 자료를 이용해 민물고기인 피라미 한 마리 한 마리의 무게와 길이를 평면 위에 그린 것이다. 그래프의 점 대부분이 기울기가 3 정도인 직선을 따라 분포하는 것을 확인할 수 있다. 물고기의 체질량지수는 물고기 무게를 길이의 세제곱으로 나눠 구하면 된다는 뜻이다. 앞의 노래미 사진에서 이야기했듯 물고기의 경우엔 사진만 갖고 물고기의 원래 크기를 알기 힘들다. 엄청난 크기의 오징어가 깊은 바다에 살고 있다고 한다. 이처럼 큰 오징어라도 사진을 찍어 나란히 놓으면 어물전 작은 꼴뚜기와 별로 다르게 보이지 않을 것이다.

마찬가지 방법으로 스웨덴 아이 수천 명의 키와 몸무게를 그려본 것이 〈그림3〉이다. 스웨덴 공동연구자인 민하겐Minnhagen 교수와 나의 연구그룹에 속한 이수도 군이 함께 참여했다. 그래프에 있는 점은 아이가 태어난 날짜를 기준으로 100일, 200일, 300일… 이렇게 100일 간격으로 아이를 나눠, 각 집단에 대해 일종의 평균을 구한 것이다.

예를 들어 100~200일에 속한 모든 아이의 몸무게와 키 자료를 가리키는 점은 검은색으로 표시했다. 이 점들의 평균을 물리학의 질량 중심처럼 구하면 빨간색 점이 된다. 녹색 점들은 생후 일수를 기준으로 아이들을 나눈 뒤 평균을 내 그린 것이다. 아이들이 자라면서 키와 몸

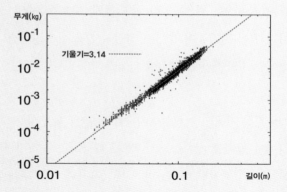

그림2 피라미 한 마리 한 마리의 길이(m)와 무게(㎏)를 그린 그림. 그래프의 점들이 기울기가 약 3인 직선을 따라 늘어서 있다. 따라서 피라미의 체질량지수는 무게를 길이의 세제곱으로 나누어 구하면 된다.

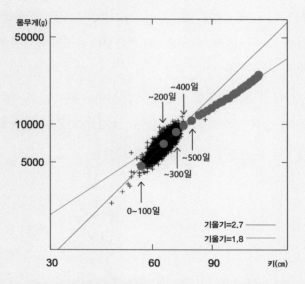

그림3 스웨덴 아이들의 키(㎝)와 몸무게(g)를 그린 그림. 태어난 후의 날짜수를 기준으로 100일 간격으로 아이들을 나누고, 각 모임에 대해 평균을 구한 점들(녹색, 빨간색 점)을 보면, 400일 정도를 기준으로 기울기가 변함을 알 수 있다. 한 돌이 지나기 전에는 몸무게가 거의 키의 세제곱에, 지난 후에는 키의 제곱에 비례한다. 돌이 지나면서 아기들은 아장아장 걷기 시작한다.

무게가 늘어나는 것을 볼 수 있다. 흥미롭게도 생후 400일 정도를 기준으로 이전과 이후 점들이 늘어선 직선의 기울기가 달라진다. 400일 무렵 이전에는 기울기가 2.7로 3에 가깝고, 400일 이후에는 1.8로 2에 가깝다.

그래프의 직선 기울기는 체질량지수를 구할 때 몸무게를 키의 몇 제곱으로 나눠야 할지를 정하는, 그 '몇'에 해당하는 숫자다. 즉, 400일 정도 이전 아이의 체질량지수는 마치 물고기처럼 키의 세제곱으로 구하는 것이 맞고, 이후에는 키의 제곱으로 구하는 것이 더 정확하다는 것을 보여준다.

이유가 뭘까. 왜 아이의 체질량지수 계산법이 400일 무렵을 기준으로 변할까. 또 왜 사람의 체질량지수 계산법은 물고기와 다를까. '사람은 두 발로 걷기 때문'이다. 보통 아이는 돌이 지난 후 걷는다. 엄마 뱃속에서는 마치 물고기처럼 헤엄만 치던 아이가 태어난 후 제대로 '걷는 사람'이 되는 시점이 바로 '첫돌'을 지날 때다. 우리 선조가 '첫돌'을 크게 축하한 이유가 바로 이 때문은 아닐까.